普通高等教育"动画与数字媒体专业"规划教材

CorelDRAW X7
设计实例教程

王　林　编著

清华大学出版社

北京

内 容 简 介

本书是作者多年从事一线教学与实际工作的经验总结,以 CorelDRAW X7 中文版为工具,书中前半部分主要对软件的功能和操作进行详细介绍,后半部分则是 42 个精美实战案例(包括日用产品、家具产品、交通工具等)的分步骤讲解,并配以精美步骤图。通过这些案例,不仅可帮助读者掌握 CorelDRAW 的使用,更重要的是激发读者对设计的兴趣和灵感。

本书内容环环相扣,案例介绍由浅入深,实现了理论讲解与案例实现的很好结合,很适合作为 CorelDRAW 设计的教材或参考用书。

图书在版编目(CIP)数据

CorelDRAW X7 设计实例教程/王林编著.—北京:清华大学出版社,2020.6(2021.2重印)
普通高等教育"动画与数字媒体专业"规划教材
ISBN 978-7-302-54048-9

Ⅰ.①C… Ⅱ.①王… Ⅲ.①图形软件-高等学校-教材 Ⅳ.①TP391.413

中国版本图书馆 CIP 数据核字(2019)第 243119 号

责任编辑:龙启铭
封面设计:常雪影
责任校对:梁 毅
责任印制:杨 艳

出版发行:清华大学出版社
　　　　网　　　址:http://www.tup.com.cn,http://www.wqbook.com
　　　　地　　　址:北京清华大学学研大厦 A 座　　　　　邮　　编:100084
　　　　社 总 机:010-62770175　　　　　　　　　　　　邮　　购:010-83470235
　　　　投稿与读者服务:010-62776969,c-service@tup.tsinghua.edu.cn
　　　　质量反馈:010-62772015,zhiliang@tup.tsinghua.edu.cn
　　　　课件下载:http://www.tup.com.cn,010-83470236
印 刷 者:北京富博印刷有限公司
装 订 者:北京市密云县京文制本装订厂
经　　销:全国新华书店
开　　本:185mm×260mm　　　印　　张:17.75　　　字　　数:431 千字
版　　次:2020 年 6 月第 1 版　　　　　　　印　　次:2021 年 2 月第 2 次印刷
定　　价:49.00 元

产品编号:079773-01

本书是作者多年从事一线教学与实际工作的经验总结，以 CorelDRAW X7 中文版为工具，书中前半部分主要对软件的功能和操作进行详细介绍，后半部分则是 42 个精美实战案例（包括日用产品、家具产品、交通工具等）的分步骤讲解，并配以精美步骤图。通过这些案例，不仅可帮助读者掌握 CorelDRAW 的使用，更重要的是激发读者对设计的兴趣和灵感。

本书内容环环相扣，案例介绍由浅入深，实现了理论讲解与案例实现的很好结合，很适合作为 CorelDRAW 设计的教材或参考用书。

本书主要内容如下：

第 1 章对 CorelDRAW X7 的安装与卸载以及文件格式进行介绍。

第 2 章对 CorelDRAW X7 的界面、每个菜单的分布以及其功能进行介绍，并对其主要工具进行了详细的介绍。

第 3 章对 CorelDRAW X7 的欢迎界面进行介绍，包括与模板案例的使用和文件的新建选项相关的功能。

第 4 章对 CorelDRAW X7 的页面设置视图模式和软件的几个视图以及几个工具进行了详细介绍。

第 5 章对 CorelDRAW X7 的对象选取、删除、复制、剪切、粘贴、撤销、变换、移动、缩放、镜像、层次、群组、合并与拆分、修剪、叠加等操作进行介绍。

第 6 章对 CorelDRAW X7 从线条的绘制到艺术笔的使用和对象切割进行介绍。

第 7 章对 CorelDRAW X7 从文本基础编辑、书写工具、文本效果、文本特效等与文本的相关内容进行详细介绍。

第 8 章对 CorelDRAW X7 滤镜特效使用和精美的效果图进行介绍。

第 9 章用基础矩形图案对电池案例、牌坊案例、公文包案例、计算器案例、笔记本案例、电视机案例进行分步制作介绍。

第 10 章用基础圆形图案对闹钟案例、樱桃案例、卡通头像、雪人案例、卡通熊案例进行分步制作介绍。

第 11 章用多边形图案对铅笔案例、十字标志案例、药瓶案例、心形十字图标案例、雨伞案例、卡车案例进行分步制作介绍。

第 12 章以日用产品为主题，分别介绍手表案例、打印机案例、电水壶案例、电动搅拌机案例、电饭煲案例、豆浆机案例、化妆瓶案例、冰箱案例、洗衣机案例、便携音乐播放器案例、耳用体温计案例、电风扇案例的制作过程。

第 13 章以家具产品为主题,分别介绍床案例、柜子案例、办公桌案例、计算机椅案例、沙发案例、摇椅案例的制作过程。

第 14 章以交通工具产品为主题,分别介绍高铁机车案例、轮船案例、飞机案例、校车案例、自行车案例、电瓶车案例的制作过程。

本书特色如下:

(1) 全新的设计案例,产品扁平化设计案例通过对三维的产品降维,来进行案例设计开发,并以详细的操作步骤解析了案例的制作方法,为读者提供广阔的设计思路,使读者可以全面地感受案例设计的制作与方法。

(2) 本书不仅适用于视觉传达等平面设计专业的读者,其他产品设计、UI 界面设计、交互设计等相关专业的读者,也可以通过相关的案例学习与制作来掌握该软件的使用。

(3) 案例丰富,本书配有 52 个实战案例并配有全套的案例的电子文件,读者可以通过相关电子文件再结合相应案例步骤进行设计制作。

(4) 突出重点与难点。案例由简到繁,分步进行。使读者在学习过程中可以循序渐进地掌握该软件的使用,快速入门。

本书由王林编著,感谢学生黄嘉妮、李敏、朱明辉协助整理文稿工作。在创作文稿的过程中,由于时间仓促,难免有不足,望广大读者批评指正。

编　者

2020 年 5 月

目 录

第 1 章　认识 CorelDRAW X7 ······························· 1

1.1　CorelDRAW 简介及应用 ···························· 1

1.2　CorelDRAW X7 的安装 ····························· 1

1.3　CorelDRAW X7 的卸载 ····························· 4

1.4　矢量图与位图 ··· 5

1.4.1　矢量图 ·· 5

1.4.2　位图 ·· 6

1.5　存储格式 ·· 6

第 2 章　探索工作区 ··· 9

2.1　认识工作界面 ··· 9

2.2　标题栏 ··· 9

2.3　菜单栏 ··· 10

2.3.1　"文件"菜单 ···································· 10

2.3.2　"编辑"菜单 ···································· 10

2.3.3　"视图"菜单 ···································· 10

2.3.4　"布局"菜单 ···································· 12

2.3.5　"排列"菜单 ···································· 12

2.3.6　"效果"菜单 ···································· 12

2.3.7　"位图"菜单 ···································· 12

2.3.8　"文本"菜单 ···································· 12

2.3.9　"表格"菜单 ···································· 12

2.3.10　"工具"菜单 ·································· 12

2.3.11　"窗口"菜单 ·································· 13

2.3.12　"帮助"菜单 ·································· 13

2.4　常用工具栏 ··· 13

2.5　工具箱 ··· 13

2.6　标尺 ··· 18

2.7　绘图页面 ·· 18

2.8　泊坞窗 ··· 18

2.9　调色板 ··· 18

2.10　状态栏 ……………………………………………………………………… 18

第3章　文档操作 ………………………………………………………………… 19

3.1　CorelDRAW X7 欢迎界面 ………………………………………………… 19
  3.1.1　立即开始 …………………………………………………………… 19
  3.1.2　工作区 ……………………………………………………………… 21
  3.1.3　新增功能 …………………………………………………………… 22
  3.1.4　需要帮助 …………………………………………………………… 22
  3.1.5　图库 ………………………………………………………………… 23
  3.1.6　更新 ………………………………………………………………… 24
  3.1.7　CorelDRAW.com …………………………………………………… 24
  3.1.8　成员和订阅 ………………………………………………………… 24
  3.1.9　Discovery Center ………………………………………………… 25
3.2　第一个新建文档 …………………………………………………………… 26
  3.2.1　新建文件 …………………………………………………………… 26
  3.2.2　同时处理多个文件 ………………………………………………… 27
3.3　打开文档文件 ……………………………………………………………… 27
3.4　保存和关闭文档 …………………………………………………………… 28
3.5　保存一定信息的文档 ……………………………………………………… 29
3.6　使用模板 …………………………………………………………………… 29
  3.6.1　打开模板 …………………………………………………………… 29
  3.6.2　打开和保存模板 …………………………………………………… 30
3.7　剪贴板功能 ………………………………………………………………… 30
  3.7.1　对象的基本复制 …………………………………………………… 31
  3.7.2　对象的再制 ………………………………………………………… 31
  3.7.3　剪切 ………………………………………………………………… 31
3.8　撤销与重做 ………………………………………………………………… 31
  3.8.1　基础撤销操作 ……………………………………………………… 31
  3.8.2　"泊坞窗"撤销 ……………………………………………………… 32
3.9　导入和导出文件 …………………………………………………………… 32
  3.9.1　导入文件 …………………………………………………………… 32
  3.9.2　导入设置颜色管理 ………………………………………………… 32
  3.9.3　导出文件 …………………………………………………………… 33

第4章　页面设置 ………………………………………………………………… 36

4.1　设置页面 …………………………………………………………………… 36
4.2　设置视图模式 ……………………………………………………………… 37
  4.2.1　"线框"和"简单线框"视图 ………………………………………… 37
  4.2.2　"草稿"视图 ………………………………………………………… 37

4.2.3 "普通"视图 ···················· 38

4.2.4 "增强"视图 ···················· 38

4.2.5 "像素"视图 ···················· 38

4.3 缩放和平移页面 ····················· 38

4.4 使用平移工具 ······················ 39

4.5 辅助绘图工具 ······················ 40

4.5.1 设置辅助线 ···················· 40

4.5.2 显示和隐藏辅助线 ················· 40

4.5.3 添加辅助线 ···················· 40

4.5.4 贴齐对象 ····················· 44

4.5.5 标尺 ······················· 45

4.5.6 网格 ······················· 46

第 5 章 基本对象编辑 ····················· **47**

5.1 对象操作 ························· 47

5.1.1 删除对象 ····················· 47

5.1.2 复制对象 ····················· 47

5.1.3 剪切对象 ····················· 48

5.1.4 粘贴对象 ····················· 49

5.1.5 撤销对象 ····················· 49

5.1.6 重做对象 ····················· 50

5.1.7 重复对象 ····················· 50

5.2 变换对象 ························· 50

5.2.1 移动对象 ····················· 50

5.2.2 缩放对象 ····················· 51

5.2.3 倾斜对象 ····················· 51

5.2.4 镜像对象 ····················· 52

5.3 控制对象 ························· 52

5.3.1 锁定与解除锁定对象 ··············· 53

5.3.2 设置对象的层次 ·················· 53

5.3.3 群组对象及相关操作 ··············· 54

5.3.4 合并与拆分对象 ·················· 54

5.4 变化对象 ························· 55

5.4.1 修剪对象 ····················· 55

5.4.2 相交对象 ····················· 55

5.4.3 简化对象 ····················· 55

5.4.4 叠加对象 ····················· 56

5.5 转换对象 ························· 56

5.5.1 转换为曲线 ···················· 56

　　　5.5.2　将轮廓转换为对象 ···································· 56

　　　5.5.3　连接曲线 ··· 57

　5.6　对象的属性 ··· 57

　　　5.6.1　轮廓线颜色 ··· 57

　　　5.6.2　轮廓线宽度 ··· 61

　　　5.6.3　轮廓线样式 ··· 62

　　　5.6.4　角与线条端头 ·· 62

　　　5.6.5　箭头 ·· 63

　5.7　填充属性 ··· 64

　　　5.7.1　标准填充 ··· 64

　　　5.7.2　渐变填充 ··· 64

　5.8　图样填充 ··· 66

　　　5.8.1　双色填充 ··· 66

　　　5.8.2　全色填充 ··· 66

　　　5.8.3　位图填充 ··· 67

　　　5.8.4　底纹填充 ··· 67

　　　5.8.5　PostScript 填充 ·· 68

第 6 章　线段绘制与形态 ··· 70

　6.1　基本线条绘制 ··· 70

　　　6.1.1　直线与折线 ··· 70

　　　6.1.2　曲线绘制 ··· 71

　　　6.1.3　艺术线条绘制 ·· 71

　　　6.1.4　画笔线条 ··· 73

　　　6.1.5　喷罐线条 ··· 73

　　　6.1.6　书法线条与压力线条 ································ 75

　6.2　节点与线条形态 ··· 76

　　　6.2.1　移动节点 ··· 76

　　　6.2.2　添加和删除节点 ······································· 76

　　　6.2.3　连接与拆分曲线 ······································· 76

　　　6.2.4　曲线直线互转 ·· 77

　　　6.2.5　节点属性 ··· 77

　　　6.2.6　旋转与倾斜节点连线 ································ 78

　　　6.2.7　节点对齐 ··· 79

　　　6.2.8　节点反射 ··· 79

　6.3　对象切割 ··· 79

　　　6.3.1　直线拆分对象 ·· 79

　　　6.3.2　曲线拆分对象 ·· 79

第7章 文本编辑应用 ……………………………………………………… 81

7.1 文本基础编辑 ……………………………………………………… 81

7.1.1 添加文字、段落文本 …………………………………………… 81

7.1.2 转换文本 ……………………………………………………… 81

7.1.3 文本编辑 ……………………………………………………… 81

7.1.4 导入外部文件与贴入文本 …………………………………… 81

7.1.5 在对象中输入文字信息 ……………………………………… 82

7.2 书写工具 …………………………………………………………… 82

7.2.1 选择全部文本 ………………………………………………… 82

7.2.2 选择部分文本 ………………………………………………… 83

7.3 设置美术字和文本段落 …………………………………………… 83

7.3.1 设置字体、字号及颜色 ……………………………………… 83

7.3.2 文本对齐格式设置 …………………………………………… 85

7.3.3 字符间距设置 ………………………………………………… 85

7.3.4 转换文字方向 ………………………………………………… 88

7.3.5 字符效果 ……………………………………………………… 88

7.4 文本效果 …………………………………………………………… 90

7.4.1 文本分栏 ……………………………………………………… 90

7.4.2 制表位 ………………………………………………………… 90

7.4.3 项目符号 ……………………………………………………… 90

7.4.4 首字下沉 ……………………………………………………… 91

7.4.5 衔接段落文本框 ……………………………………………… 92

7.5 排版规则 …………………………………………………………… 92

7.5.1 断行规则 ……………………………………………………… 92

7.5.2 断字规则 ……………………………………………………… 92

7.6 文本特效 …………………………………………………………… 93

7.6.1 文本适合路径 ………………………………………………… 93

7.6.2 对齐基线 ……………………………………………………… 93

7.6.3 矫正文本 ……………………………………………………… 93

第8章 滤镜特效 ………………………………………………………… 94

8.1 添加和删除滤镜效果 ……………………………………………… 94

8.2 滤镜效果 …………………………………………………………… 95

8.2.1 三维效果 ……………………………………………………… 95

8.2.2 艺术笔效果 …………………………………………………… 99

8.2.3 模糊效果 ……………………………………………………… 104

8.2.4 自定义效果 …………………………………………………… 107

8.2.5 扭曲效果 ……………………………………………………… 107

8.2.6 杂点效果 ·· 112

8.2.7 鲜明化效果 ·· 114

8.2.8 底纹效果 ·· 115

8.2.9 相机效果 ·· 117

8.2.10 颜色转换效果 ·· 119

8.2.11 轮廓图效果 ·· 121

8.2.12 创造性效果 ·· 121

第9章 基础矩形图案绘制 ·· 125

9.1 案例一：电池案例绘制 ·· 125

9.2 案例二：牌坊案例绘制 ·· 126

9.3 案例三：公文包案例绘制 ·· 126

9.4 案例四：计算器案例绘制 ·· 127

9.5 案例五：笔记本案例绘制 ·· 128

9.6 案例六：电视机案例绘制 ·· 129

第10章 基础圆形图案绘制 ·· 132

10.1 案例一：闹钟案例绘制 ··· 132

10.2 案例二：樱桃案例绘制 ··· 133

10.3 案例三：卡通头像案例绘制 ······································ 134

10.4 案例四：雪人案例绘制 ··· 135

10.5 案例五：卡通熊案例绘制 ··· 138

10.6 案例六：卡通熊案例二绘制 ······································ 139

第11章 多边形图案绘制 ·· 142

11.1 案例一：铅笔案例绘制 ··· 142

11.2 案例二：十字标志案例绘制 ······································ 143

11.3 案例三：药瓶案例绘制 ··· 144

11.4 案例四：心形十字图标案例绘制 ·································· 145

11.5 案例五：雨伞案例绘制 ··· 147

11.6 案例六：卡车案例绘制 ··· 148

第12章 日用产品绘制 ·· 150

12.1 案例一：手表案例绘制 ··· 150

12.2 案例二：打印机案例绘制 ··· 154

12.3 案例三：电水壶案例绘制 ··· 157

12.4 案例四：电动搅拌机案例绘制 ···································· 159

12.5 案例五：电饭煲案例绘制 ··· 161

12.6 案例六：豆浆机案例绘制 ··· 162

12.7　案例七：化妆瓶案例绘制 ……………………………………………… 167

12.8　案例八：冰箱案例绘制 …………………………………………………… 169

12.9　案例九：洗衣机案例绘制 ………………………………………………… 174

12.10　案例十：便携音乐播放器案例绘制 …………………………………… 177

12.11　案例十一：耳用体温计案例绘制 ……………………………………… 184

12.12　案例十二：电风扇案例绘制 …………………………………………… 187

第13章　家具产品图案绘制 …………………………………………………… 198

13.1　案例一：床案例绘制 ……………………………………………………… 198

13.2　案例二：柜子案例绘制 …………………………………………………… 203

13.3　案例三：办公桌案例绘制 ………………………………………………… 207

13.4　案例四：计算机椅案例绘制 ……………………………………………… 211

13.5　案例五：沙发案例绘制 …………………………………………………… 218

13.6　案例六：摇椅案例绘制 …………………………………………………… 223

第14章　交通工具产品绘制 …………………………………………………… 230

14.1　案例一：高铁机车案例绘制 ……………………………………………… 230

14.2　案例二：轮船案例绘制 …………………………………………………… 235

14.3　案例三：飞机案例绘制 …………………………………………………… 240

14.4　案例四：校车案例绘制 …………………………………………………… 246

14.5　案例五：自行车案例绘制 ………………………………………………… 252

14.6　案例六：电瓶车案例绘制 ………………………………………………… 258

第 1 章

认识 CorelDRAW X7

1.1 CorelDRAW 简介及应用

CorelDRAW 是一款通用的矢量图形绘图软件,被广泛运用于广告设计、商标设计、模型绘制、排版、网页等诸多方面,利用 CorelDRAW 可以设计出精美的图形(如图 1-1 所示)。CorelDRAW X7 是一款功能完善的矢量制图软件,可用来绘制插画设计、字体设计及专业级美术作品。本书通过从简到繁的案例讲解,使读者在不断实践学习过程中,由浅入深地了解 CorelDRAW 的绘图制作流程。

CorelDRAW X7 为图形设计提供了全面的色彩编辑功能,将制作的图形进行上色,以 CMYK 四色方式输出。由于 CorelDRAW 功能强大且易于操作,因此,它成为众多绘图制作者优先选择的工具。

图 1-1 案例展示

1.2 CorelDRAW X7 的安装

在正式学习使用 CorelDRAW X7 之前,我们将要学习的是如何安装 CorelDRAW X7。设计行业离不开各种设计软件,这些软件集成了众多软件开发者的智慧结晶,建议用户支持并购买正版软件。

CorelDRAW X7 分为 32 位和 64 位版本,对应 32 位和 64 位版本的操作系统。

操作一:下载软件。

进入 CorelDRAW 官方中文下载中心,下载最新版 X7 安装文件,根据计算机操作系统选择 32 位或 64 位安装包,安装包如图 1-2 所示。

图 1-2 安装包

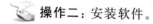 **操作二：安装软件。**

（1）双击成功下载的 CorelDRAW 安装程序，安装包打开之后，等待程序提取文件。

（2）文件提取成功后，进入 CorelDRAW 安装向导，弹出软件许可协议对话框，勾选"我接受该许可协议中的条款（A）"选项，后单击"下一步（N）"按钮，此安装步骤如图 1-3 所示。

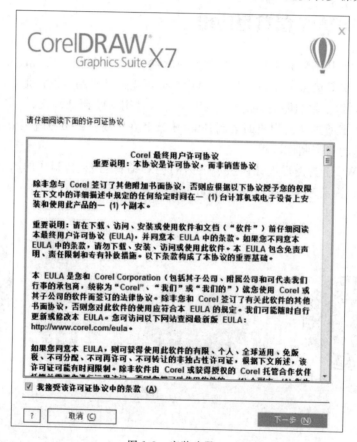

图 1-3 安装步骤 1

（3）用户基本信息对话框中，在"用户名"输入框中输入用户姓名，单击"我有一个序列号或订阅代码"，在"序列号"输入框内输入产品序列号，然后单击"下一步（N）"按钮继续，此安装步骤如图 1-4 所示。如果没有购买序列号，可以单击选择"我没有序列号，想试用该产品"来试用该产品，试用期为 30 天。

（4）在安装选项对话框中，可以选择"典型安装（T）"，使用默认设置进行安装，或根据需要选择"自定义安装（C）..."，此安装步骤如图 1-5 所示。

（5）安装完成后，会弹出安装成功对话框，单击"完成（F）"按钮结束安装，此安装步骤如图 1-6 所示。

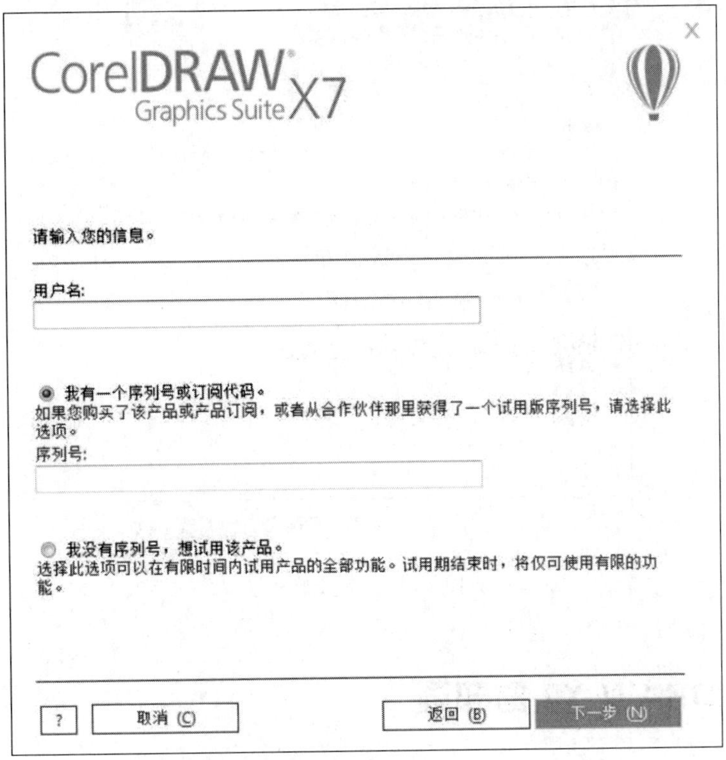

图 1-4 安装步骤 2

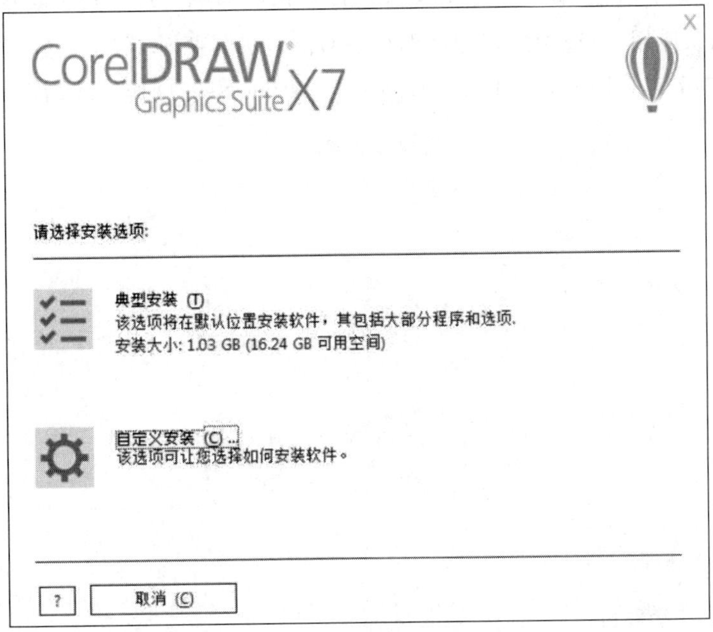

图 1-5 安装步骤 3

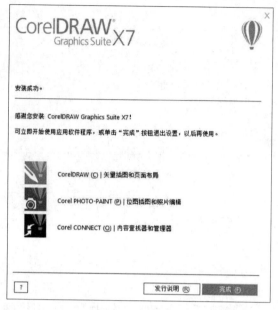

图 1-6   安装步骤 4

1.3   CorelDRAW X7 的卸载

对于 CorelDRAW X7 的卸载,我们在这里使用常规的软件卸载方法即可。

操作一:单击"开始"→"控制面板",打开控制面板"Windows 设置"对话框,双击"应用(卸载、默认应用、可选功能)"程序图标。Windows 8 操作系统可按 Win+i 键来打开"控制面板"并单击主页即可,如图 1-7 所示(此为 Windows 8 操作系统图例)。

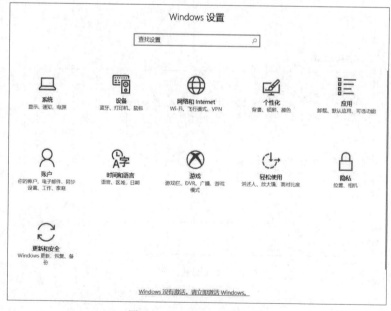

图 1-7   Windows 设置页面

操作二：在打开的"应用和功能"对话框中选择 CorelDRAW X7 的安装程序，进行卸载，卸载步骤如图 1-8 所示（图 1-8 为 Windows 操作系统示例）。在 Windows 8 操作系统中，单击"卸载"即可完成 CorelDRAW 卸载。

图 1-8　卸载步骤

1.4　矢量图与位图

矢量图与位图的效果有着天壤之别，矢量图可以无限放大而不模糊，大部分位图都是由矢量图导出来的，也可以说矢量图就是位图的源码，而源码是可以进行编辑的。

1.4.1　矢量图

CorelDRAW X7 主要以矢量图为基础进行创作。矢量图称为"矢量形状"或"矢量对象"，它是一种基于数学方法的绘图方式，定义为一系列由线连接的点。每一个对象都是独立的个体，都具有颜色、大小、形状、轮廓、屏幕位置等特性。矢量图无关分辨率，在移动和改变它们的属性时，不会丢失图像原有的清晰度和弯曲度。在 PDF 文件中保存矢量图形或将图形加载到基于矢量的图形应用程序不断放大时，矢量图形不会出现锯齿，同时原有的清晰度不会改变，如图 1-9～图 1-11 所示。

图 1-9　矢量图案例展示（1）

图 1-10 矢量图案例展示(2)

图 1-11 矢量图案例展示(3)

1.4.2 位图

位图又称为光栅图,是由众多像素组成的,每个像素点都有特定的位置和颜色值。图像的显示效果与像素点密切相关,当位图无限放大后,图形会失真,出现锯齿状。像素点越多,图形的分辨率就越高,但相应图形文件空间也会随之增大,如图 1-12～图 1-14 所示。

图 1-12 位图案例展示(1)

图 1-13 位图案例展示(2)

图 1-14 位图案例展示(3)

1.5 存储格式

在应用软件创建、打开或编辑一个图形后,必然要保存作品。CorelDRAW X7 提供了文件的多种保存格式。文件格式决定了文件类型,同时也影响到文件在其他软件中的应用。在 CorelDRAW X7 的"文件"菜单下有保存命令、另存为命令、导出命令、发布命令等,"保存绘图"中的"保存类型"共有 20 种存储格式,下面将介绍几种常用的文件存储格式,存储方式如图 1-15 所示。

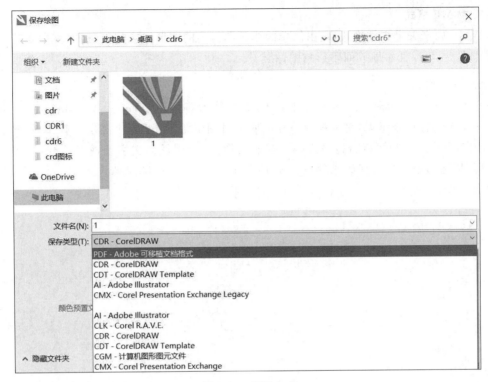

图 1-15 存储方式

1. AI 格式

AI 是一种常用的存储矢量类型的文件格式，其优点是占用硬盘空间小，打开速度快。

2. CDR 格式

CDR 是 CorelDRAW 的专用图形文件格式。因为 CorelDRAW 是绘制矢量图形的软件，所以 CDR 可以记录文件的属性、位置和分页等。但它的兼容性较差，目前只在 CorelDRAW 应用程序中能够使用。

3. CDT 格式

CDT 属于 CorelDRAW 的模板格式，可将这种文件格式制作成模板进行保存。

4. JPEG 格式

JPEG 是一种常见的位图文件格式，文件后缀为 .jpg 或 .jpeg。它用有损压缩方式去除冗余的图像和彩色数据，在取得高压缩率的同时能够展现丰富生动的图像，其优点是占用文件空间小，下载速度快，但它无法重建原始图像。

5. DWG 格式和 DXF 格式

DWG 和 DXF 属于 AutoCAD 文件格式，把制作的文件存储为这两种格式，就可以在 AutoCAD 中打开。

6. EMF 格式

EMF 属于矢量文件格式，可以使用系统自带的"画图"进行编辑。

7. WMF 格式

WMF 属于矢量文件格式,是由简单的线条和封闭的图形组成的矢量图,其主要特点是文件非常小,可以任意缩放而不影响图像质量。

8. SVG 格式

SVG 是目前较为流行的图像文件格式,其全称为 Scalable Vector Graphics,意为可缩放的矢量图形。严格地说,是一种开放标准的矢量图形语言,可设计内容丰富、高分辨率的 Web 图形页面。用户可以直接用代码来描绘图像,可以用任何文字处理工具打开 SVG 图像,还可以通过改变部分代码来使图像具有交互功能,并可以随时插入到 HTML 中,通过浏览器来观看。

第 2 章

探索工作区

2.1 认识工作界面

通常有两种方式启动 CorelDRAW X7 软件。

方式一：单击"开始"→"程序"→CorelDRAW Graphics Suite X7 菜单命令。

方式二：在桌面上双击 CorelDRAW X7 快捷图标。

软件启动后，屏幕将显示一个基本工作界面或工作窗口。CorelDRAW X7 的界面组成元素包含标题栏、菜单栏、常用工具栏、属性栏、文档标题栏、标尺、工具箱、导航器、状态栏、泊坞窗、调色板等，工作界面如图 2-1 所示。

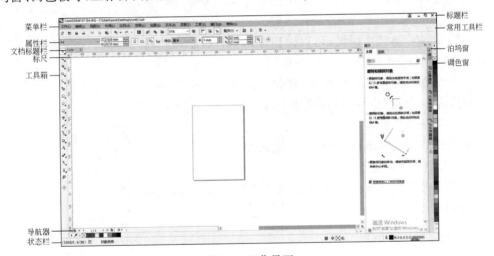

图 2-1　工作界面

2.2 标题栏

标题栏位于 CorelDRAW 文件窗口的顶部，显示当前文件名，文件窗口右边还有 3 个控制按钮用于关闭窗口、控制窗口大小、最小化 CorelDRAW X7 程序快捷按钮。标题显示为黑色时，表示处于激活状态，标题栏如图 2-2 所示。

图 2-2　标题栏

2.3 菜单栏

CorelDRAW X7 的菜单栏由"文件""编辑""视图""布局""排列""效果""位图""文本""表格""工具""窗口"和"帮助"共 12 大类菜单组成,可将它们拖曳成单独的浮动窗口。每个菜单之下又有若干个子菜单选项,每一个菜单项都代表一个特殊命令,进入之后将会打开这些命令或相应的窗口,菜单栏如图 2-3 所示。

图 2-3　菜单栏

2.3.1 "文件"菜单

"文件"菜单命令用于处理文件的"新建""打开""关闭""保存"等操作,"文件"菜单如图 2-4 所示。

文件菜单包括内容如下:

(1) 命令项左侧有图标,则单击图标即可执行命令,如"新建"。

(2) 命令项右侧有快捷键,可以按快捷键执行命令,如"新建"命令,按 Ctrl+N 键也可执行该命令。

(3) 假如命令的右项有省略号,则执行该命令时会有一个相应的窗口,如"保存"命令,执行该命令后会打开一个"保存绘图"对话框,如图 2-5 所示。

(4) 命令项右侧有黑色三角图标,则该命令还有子菜单命令,单击该命令即可展开子菜单。

(5) 如果命令项呈现灰色,则表示该命令项还未激活,当前不能使用该命令。

图 2-4　"文件"菜单

2.3.2 "编辑"菜单

"编辑"菜单主要用于对象编辑,选择相应的菜单命令可以用于文件的"撤销删除""重做""复制""粘贴""删除"等操作。在某些菜单命令项之前有个图标,该图标与工具栏中某些图标一致,功能也相同,"编辑"菜单如图 2-6 所示。

2.3.3 "视图"菜单

"视图"菜单主要用于文档的视图操作,选用不同的菜单命令,进行视图模式切换,调整视图预览模式和界面显示,"视图"菜单如图 2-7 所示。

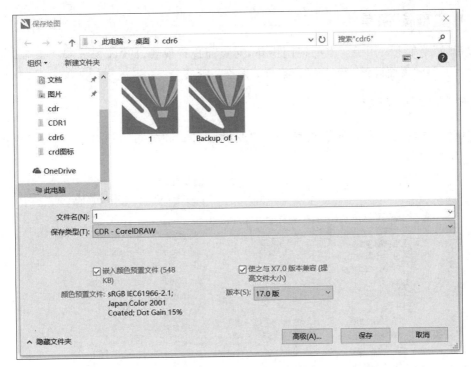

图 2-5 "保存绘图"对话框

图 2-6 "编辑"菜单

图 2-7 "视图"菜单

2.3.4 "布局"菜单

"布局"菜单主要用于文本的视图操作,对页面进行设置,即"插入页面""重命名页面""删除页面"和"页面设置"等,"布局"菜单如图 2-8 所示。

2.3.5 "排列"菜单

"排列"菜单主要用于对象调整,包括"变换""对齐和分布""组合"等,"排列"菜单如图 2-9 所示。

图 2-8 "布局"菜单

图 2-9 "排列"菜单

2.3.6 "效果"菜单

"效果"菜单主要用于图像的效果编辑,使用其中的命令可以进行位图的颜色矫正和矢量图材质效果的加载。

2.3.7 "位图"菜单

"位图"菜单用于位图的编辑和调整,也可以为位图添加特殊效果。

2.3.8 "文本"菜单

"文本"菜单主要用于文本的编辑和设置,使用其中的命令可以进行文本的段落设置、路径设置、格式化字符和段落等。

2.3.9 "表格"菜单

"表格"菜单用于文本中表格的创建、编辑、选定和删除等,也可以进行文本与表格的转换操作。

2.3.10 "工具"菜单

"工具"菜单用于设置选项、定义界面、进行颜色管理和打开样式管理器,以便进行对象的批量处理。

2.3.11　"窗口"菜单

"窗口"菜单用于窗口文档视图的切换编辑、设置水平平铺或者垂直平铺等。

2.3.12　"帮助"菜单

"帮助"菜单中提供了新手入门学习教程、提示、新增等功能。

2.4　常用工具栏

常用工具栏中包含了CorelDRAW X7中的常用工具,它们由一些常用的按钮来表示,单击其中某一按钮即可执行相应的命令,常用工具栏如图2-10所示。

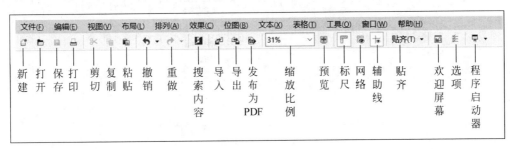

图 2-10　常用工具栏

2.5　工具箱

工具箱中集成了CorelDRAW中最常用的设计工具,包含一系列常用的绘图软件,编辑工具,工具箱如图 2-11所示。

如果按钮右边有黑色三角形,则说明还有子菜单,子菜单如图2-12所示。

1. 选择工具

(1)在要选择的对象周围框选。

(2)选择被选择区域部分框选的对象,在框选时按住Alt键。

(3)单击选择一个对象时,按住Shift键可以选中更多对象。

2. 形状工具

用于编辑对象的节点,改变节点、改变线条,拖动节点即可改变图形形状。

(1)平滑工具:使对象边缘更加平滑。

图 2-11　工具箱

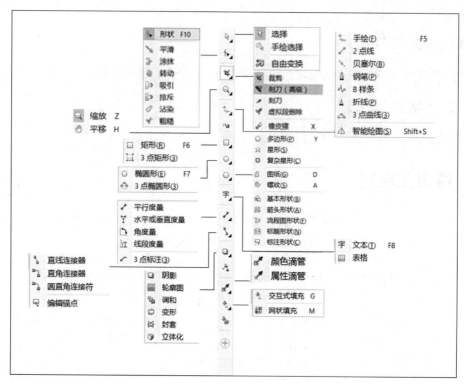

图 2-12　子菜单

（2）涂抹工具：通过涂抹对象内部或边缘，使之变形。

（3）转动工具：单击对象边缘，根据所需转动大小决定鼠标转动时间长短，转动为旋涡状。

（4）吸引工具：在对象内部或外部靠近边缘处单击，按住鼠标以调整边缘形状。

（5）排斥工具：在对象内部或外部靠近边缘处单击，按住鼠标以调整边缘形状。

（6）沾染工具：

- 涂抹选定对象的内部，单击该对象的外部并向内拖动。
- 涂抹选定对象的外部，单击该对象的内部并向外拖动。

（7）粗糙工具：使选定对象变得粗糙，指向要变粗糙的轮廓上的区域，拖动轮廓使之变形。

3. 裁剪工具

（1）裁剪选定对象。

（2）刻刀：开始剪切或拆分对象，将刻刀工具放置在开始剪切的对象的轮廓上，并单击鼠标。

（3）创建手绘剪切线条，在要剪切的位置拖动鼠标。

（4）虚拟段删除：删除虚拟线段，将指针移至要删除的线段，单击该线段。

（5）要同时删除多条线段，在要删除的所有线段周围拖出一个选取框。按住 Ctrl 键将该选取框限制为方形。

（6）橡皮擦：擦除选定对象。

4. 缩放工具

（1）缩放：要对某工作区进行部分缩放，则单击鼠标，或滚动鼠标中键即可完成操作。

（2）平移：查看页面其他部分内容，任意移动鼠标即可。

5. 手绘工具

（1）手绘：绘制图形，用鼠标进行绘制，按 Shift 键反方向擦除，其他方向拖动为直线。

（2）2 点线：

- 开始绘制，在绘图窗口中单击。
- 绘制直线，指向要开始线条的位置，然后拖动绘制线条。
- 在选定的线条上增加线段，指向选定线条的结束节点，拖动绘制线条。

（3）贝塞尔：

- 开始绘制，在绘图窗口中单击。
- 绘制直线，指向结束线条的位置，然后单击。
- 绘制曲线，拖动鼠标以定义曲线。
- 停止绘制，按空格键。
- 设置选项，双击贝塞尔工具。

（4）钢笔：

- 绘制直线，单击鼠标，拖动到所需位置。
- 绘制曲线，单击鼠标，按住拖动到所需位置。

（5）B 样条：单击鼠标，单击拖动鼠标绘制所需图形。

（6）折线：

- 绘制直线段，在开始该线段的位置单击，在要结束该线段的位置单击。
- 绘制曲线段，在开始该线段的位置单击，按住鼠标进行绘制，在绘图页面中进行拖动。

（7）3 点曲线：定义曲线的起始点和结束点，在开始曲线的位置单击，拖至曲线结束的位置。

（8）智能绘图：使用形状识别进行图形绘制。

6. 智能填充工具

智能填充对象。

7. 矩形工具

（1）矩形：绘制矩形图形，按 Shift 键绘制正方形。

（2）3 点矩形：

- 单击鼠标，拖动鼠标绘制图形宽度。
- 按 Ctrl 键绘制正方形。

8. 椭圆工具

（1）椭圆形：绘制椭圆形图形，按 Shift 键绘制正圆。

（2）3 点椭圆形：

- 单击鼠标，拖动鼠标绘制椭圆图形。

- 按 Ctrl 键绘制正圆。

9. 多边形工具

（1）多边形：
- 绘制多边形图形，按 Ctrl 键绘制等边多边形。
- 在"点数或边框"中修改多边形边数。

（2）星形：
- 绘制星形，按 Ctrl 键绘制等边星形。
- 在"点数或边框"中修改星形边数。
- 在"锐度"中修改星形锐度。

（3）复杂星形：
- 绘制星形，按 Ctrl 键绘制等边星形。
- 在"点数或边框"中修改星形边数。
- 在"锐度"中修改星形锐度。

（4）图纸：绘制图纸，按 Ctrl 键绘制方形图纸。

（5）螺纹：
- 绘制螺纹，按 Ctrl 键绘制正圆螺纹。
- 在"螺纹回圈"中制定螺纹紧密度。

（6）基本形状：绘制平行四边形、梯形、直角三角形、圆环等基本形状。

（7）箭头形状：绘制各种箭头。

（8）流程图形状：绘制多种形状的流程图。

（9）标题形状：绘制多种标题的形状。

（10）标注形状：绘制多种标注形状。

10. 文本工具

（1）文本：
- 美术字文本，单击所需要添加文本即可。
- 段落文字，鼠标拖曳出所需段落。

（2）表格：绘制表格，按 Ctrl 键绘制方形表格。

11. 度量工具

（1）平行度量：绘制平行纬线，显示距宽。

（2）水平或垂直度量：绘制水平或垂直的纬线。

（3）角度量：绘制具有一定角度的纬线。

（4）线段度量：绘制分段的纬线。

（5）3 点标注：绘制 3 点纬线。

12. 直线连接工具

（1）直线连接器：以直线方式连接两个对象。

（2）直角连接器：以直角折线方式连接两个对象。

（3）圆直角连接符：以圆角折线方式连接两个对象。

（4）编辑锚点：编辑连接线上的锚点。

13. 阴影工具

为图形对象添加阴影,产生阴影的三维效果。

14. 透明度工具

为图形对象添加不同的透明效果。

15. 滴管工具

(1) 颜色滴管:

- 从对象上进行颜色取样,单击工具箱中的颜色滴管工具。
- 单击要取样的颜色。
- 用取样的颜色填充对象,等待颜色滴管工具,转换成应用颜色模式,悬停在对象上直到纯色色样出现,单击应用颜色。
- 用取样的颜色勾画对象轮廓,先将鼠标悬停在对象轮廓上,直到轮廓色样显示出来,单击对象轮廓。

(2) 属性滴管:

- 开始进行对象属性(如轮廓、填充、变换和效果)取样,单击工具框中的属性滴管工具。
- 选择想要取样的对象属性,打开属性栏中属性、变换或效果展开工具栏菜单,选取想要取样的属性的复选框。
- 对对象属性进行取样,单击对象。
- 将对象属性应用到另一个对象上,等待属性滴管模式转换为应用对象属性模式,单击以应用对象属性。

16. 填充工具

(1) 交互式填充:

- 将交互式填充应用于一个对象,单击该对象,然后进行拖动。
- 调整渐变填充的渐变过程,拖动相应的滑块。
- 调整渐变填充的角度,拖动结束节点。
- 向渐变填充添加中间色,从调色板中将一种颜色拖至填充路径中。
- 更改渐变填充的起始色或结束色,从调色板中将一种颜色拖至起始手柄或结束节点。
- 鼠标左键填充对象内部颜色,鼠标右键填充对象边框颜色。

(2) 网状填充:

- 添加网状网格,单击对象。
- 向网状填充中添加行或列,在属性栏中网格大小框内输入数值或双击对象。
- 更改网格的颜色,从调色板中将一种颜色拖至该网格中。
- 调整网格中的节点,单击工具箱中的形状工具,并在对象周围拖动节点。

17. 轮廓笔

设置轮廓属性、线条宽度、角形状、箭头类型。

- 画笔:单击该按钮,打开"轮廓笔"对话框,为对象添加轮廓,轮廓颜色和轮廓线形状。

- 颜色工具：单击该按钮，打开"轮廓色"对话框，为对象添加轮廓颜色。
- 颜色(C)工具：单击该按钮，打开泊坞窗，为轮廓设置颜色。
- 细线工具：为对象选择轮廓大小。

18. 编辑填充

为对象添加均匀、渐变、图案、纹理等多种方式的填充效果。

2.6　标尺

标尺分为水平标尺和垂直标尺，可以帮助用户准确地绘制、缩放和对齐对象，单击"视图"→"标尺"菜单命令，即可显示或隐藏标尺。

2.7　绘图页面

在页面窗口工作区中常有一个带阴影的矩形，称为绘图页面。用户可以根据图形需要，选择纸张大小，设置页面大小，还可以根据尺寸需要，自行调整页面大小进行调整。在工作时，图形必须放置在页面范围内，否则图形无法完全输出。

2.8　泊坞窗

泊坞窗主要是用来放置管理器和包括各种操作按钮、列表与菜单的操作面板，单击"窗口"→"泊坞窗"菜单命令，即可添加相应的泊坞窗。

2.9　调色板

调色板页面窗口工作区的右侧，由许多色块组成，对象内部颜色由鼠标单击选定，单击鼠标左键可填充对象内部颜色，单击右键可填充对象边框颜色。单击调色板下方"箭头"按钮，即可显示更多色块，长按"向上箭头"或"向下箭头"按钮，即可使更多色块滑动出现。

2.10　状态栏

状态栏位于工作界面底部，可以显示鼠标当前所在位置以及文档信息（如色彩、位置、大小、工具等）。

第 3 章

文 档 操 作

3.1 CorelDRAW X7 欢迎界面

启动 CorelDRAW X7 软件一般有两种方法。

(1) 单击左下方"开始"按钮,选择"所有程序"→CorelDRAW Graphics Suite X7→CorelDRAW X7 命令即可(Windows 8 操作系统单击 win,滑动鼠标中间即可找到 CorelDRAW X7),CorelDRAW X7 图标如图 3-1 所示(此为 Windows 8 操作系统下)。

(2) 在计算机桌面创建 CorelDRAW X7 的快捷键,双击快捷键即可打开,CorelDRAW X7 快捷方式如图 3-2 所示。

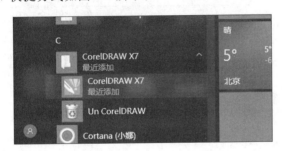

图 3-1   CorelDRAW X7 图标

图 3-2   CorelDRAW X7 快捷方式

打开 CorelDRAW X7 软件后,桌面会出现"欢迎/快速入门"屏幕,单击"新建文档"或"从模板新建"来创建一个新的模板,还可以选择"打开其他...",从 CorelDRAW 用户创作的作品库中寻找灵感,CorelDRAW X7 开始页面如图 3-3 所示。

屏幕左边有 9 个选项卡,分别是"立即开始""工作区""新增功能""需要帮助""图库""更新""CorelDRAW.com""成员和订阅"以及"Discovery Center"。

3.1.1 立即开始

(1) 新建文档:可以快速新建一个绘图文档,使用默认的应用程序新建一个空白文档。

(2) 从模板新建:单击"模板新建"屏幕中出现对话框,可以使用该对话框中已有的模板进行创作,找寻思路,如图 3-4 所示。

"模板新建"对话框中有四个大区块,对话框左部过滤器可以对模板进行筛选,过滤器采用两种查看方式进行分类为用户提供选择。

- 类型:如广告、小册子、名片、商用信笺等。

图 3-3　CorelDRAW X7 开始页面

图 3-4　从模板新建

· 行业：如社区、教育、旅游、娱乐等。

模板中有过滤器进行选择后的筛选结果，图文模式更易选择。

其中"设计员注释"对模板设计的理念、想法进行的标注和解说，为用户选择进行参考。

"模板详细资料"中有模板的基础信息标题、页面尺寸、方向、横板路径等，为用户选择模板提供了参考数据。

"模板新建"对话框顶部左侧有一个搜索框，用户在找寻模板时可以直接搜索模板类型、关键字等。

（3）打开最近用过的文档：首次打开 CorelDRAW X7 软件此选项卡为灰色，进行工作保存后再次进入即会变为黑色，可单击打开最近使用的文档。

（4）打开其他：单击此选项卡即可打开保存的其他文档。

3.1.2　工作区

单击此选项卡，工作区分为"Lite""经典""默认""高级（插图、页面布局）"4 个主要部分，一个"其他"，工作区如图 3-5 所示。

（1）Lite：是入门级新用户的理想选择，此空间具有简洁外观，引导新用户在友好的环境中进行探索，如图 3-5 所示。

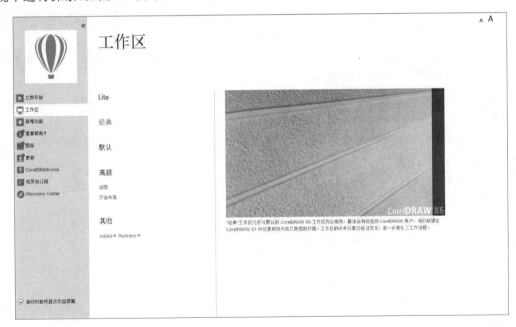

图 3-5　工作区

（2）经典："经典"工作区几乎与默认的 CorelDRAW X6 工作区完全相同，适合有经验的 CorelDRAW 用户使用，他们希望在 CorelDRAW X7 中过渡到现在而又熟悉的环境。

（3）默认：CorelDRAW X7 默认工作区已从头进行新设计，提供更直观的工具和控件位置。此工作区是使用过其他矢量图形软件以及熟悉 CorelDRAW 的用户的理想选择。

（4）高级：高级中又分为"插图"与"页面布局"，"插图"工作空间是寻找直观高效的工作流程，并且是创建封面设计、杂志广告、故事等其他类型用户的理想选择。在"页面布局"工作空间进行优化,适合对图形文本对象进行布置和创建适宜的商业名片、品牌材料、产品包装等。

3.1.3 新增功能

新增功能是根据 CorelDRAW X6 不足进行的优化改进,主要新增了以下功能:

(1) 字体列表框:使用 CorelDRAW 和 Corel PHOTO-PAINT 中的全新字体列表框,用户能够轻松查看、筛选和查找字体,还可以根据粗细、宽度、支持的脚本对字体进行筛选。

(2) 具有 Gaussian 模糊羽化效果的下落阴影:CorelDRAW 中的下落阴影现在显得更加真实,因为它们使用了 Gaussian 模糊羽化。

(3) AfterShot CorelDRAW 版本将支持 RAW 转换器,把无损照片编辑器、高速照片管理器融为一体。

(4) 支持实时触笔:利用 RTS 兼容型手写平板计算机或设备的压力和倾斜,在 CorelDRAW 和 CorelPHOTO PAINT 中操控画笔。

(5) 拆分对象:使用 CorelDRAW 中重新设计的"刻刀(高级)"工具,可以拆分向量对象、文本和位图,还可以沿着直线、手绘线或贝赛尔曲线拆分单个对象或一组对象。

(6) 准备标题提供打印:使用 CorelDRAW 中新增的"边框和扣眼"对话框,可以添加边框和扣眼标记来准备标题打印。

(7) 更正透视变形:使用 CorelDRAW 和 CorelPHOTO-PAINT 中增强的"矫正图像"对话框,可以更正包含直线和平面的照片中的透视变形。

(8) 复制曲线段:CorelDRAW 复制和剪切曲线段,将它们作为对象粘贴,提取电子路径或使用相似轮廓图来创建相邻形状。

(9) 选择相邻节点:CorelDRAW 提供增强节点选择。按住 Shift 键的同时使用形状工具选择曲线上的相邻节点。

(10) 隐藏和显示对象:CorelDRAW 可隐藏对象和对象组,帮助编辑复杂项目中的对象以及试验用户的设计。

(11) 移动状态栏:状态栏显示有关选定对象的有用信息,如颜色、填充类型、轮廓以及当前光标位置。

(12) 欢迎屏幕—工作区:选择重新设计的欢迎屏幕现在包含工作区与选项卡。使用该选项卡针对新老用户和不同任务需求进行设置。

3.1.4 需要帮助

"需要帮助"选项卡主要分为 5 个部分:快速入门指南、视频、产品帮助、见解、提示和技巧,如图 3-6 所示。

(1) 快速入门指南:了解实用工具和功能,快速开始使用软件。

(2) 视频:视频分为视频教程和视频提示。

* 视频教程:了解基本功能,贯通项目步骤以及观看从设计到以不同媒体输出的专业工作流程。除部分视频需要连接 Internet 以外,其余视频均可在"视频浏览器"中查看。

* 视频提示:突出显示操作中常用工具和功能的视频短片。从"泊坞窗"的"视频"选项卡中访问这些视频。某些视频需要连接 Internet 才能观看。

(3) 产品帮助:访问有关产品功能的信息。

图 3-6　"需要帮助"选项卡

（4）见解：对 CorelDRAW 不同功能进行介绍，对软件有更深认识。

（5）提示和技巧：针对一些操作进行解说，帮助用户更好使用 CorelDRAW。

3.1.5　图库

"图库"选项卡是 CorelDRAW X7 自带的优秀图形，为用户进行二次操作、学习或欣赏，提供灵感来源，如图 3-7 所示。

图 3-7　图库

3.1.6 更新

"更新"选项卡可用来查看 CorelDRAW 软件是否需要更新,如图 3-8 所示。

图 3-8 更新

3.1.7 CorelDRAW.com

访问 CorelDRAW.com 社区网站。

发掘 CorelDRAW Graphics Suite 和 CorelDRAW@ Technical Suite,这是用户互相联系、学习和分享的在线世界。用户在论坛中结识会员,从 Corel 博客系列中学习有益的秘诀和技巧,并从在线图库中获得灵感。CorelDRAW.com 是一个非常不错的社区,所有背景和技能级别的用户均可以在这里分享他们的激情、见解和风格,访问社区网站如图 3-9 所示。

3.1.8 成员和订阅

(1) 成员:在 CorelDRAW Graphics Suite 中获得更多内容方式成为标准会员。注册免费的标准成员,以获得产品的定期更新和内容。想要拓展 CorelDRAW 体验,则需注册高级会籍,它能够提前访问新功能和基于云的独家内容,并且可以免费获得下一个主要版本的升级权限。要查询是否拥有成员,可以前往"帮助"菜单,选择"关于 CorelDRAW 会员资格"进行查看。

(2) 订阅:一种灵活且完整的方式,可以尽情使用 CorelDRAW Graphics Suite,订阅可以按月或按年支付,并且可以免费成为高级会员。如果你使用的是试用版,可以在关闭或启动应用程序时购买订阅,成员和订阅如图 3-10 所示。

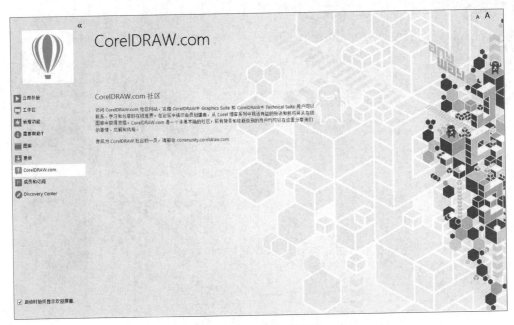

图 3-9　访问社区网站

图 3-10　成员和订阅

3.1.9　Discovery Center

　　Discovery Center 着眼于启发和教育,可以帮助用户追求创新与启发兴趣。将用户视为学习新技能的爱好者群体,以用户自身的进度和用户自身的方式得出新创意,可以满足不同用户学习软件的个性化需求,在浏览来自世界各地的艺术杰作画廊的同时,寻找新的灵感,Discovery Center 如图 3-11 所示。

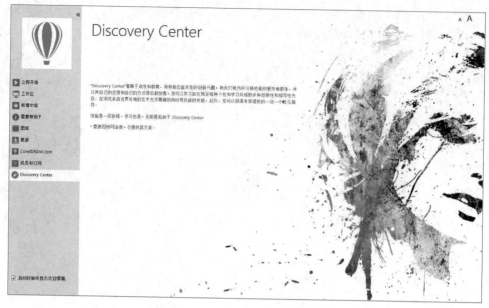

图 3-11　Discovery Center

3.2　第一个新建文档

建立文件的方式有两种：新建文件和从模板中新建文件。新建文件可以选择"文件"→"新建"（Ctrl＋N）命令或单击标准工具栏中的"新建"命令。

3.2.1　新建文件

选择"文件"→"新建"命令，工作页面会出现一个"创建新文档"对话框，能够很方便地反映输出结果，如图 3-12 所示。

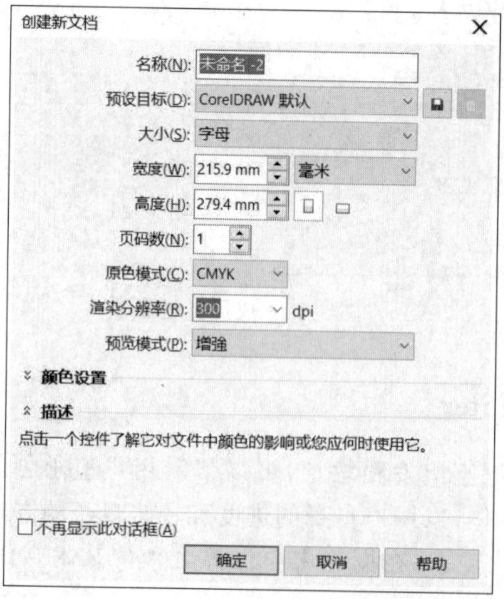

图 3-12　新建文件

（1）名称（N）：在新建文档时进行命名，而不需要等到文档完成时再命名。CorelDRAW新建文档使用的是顺序命名规则，默认名称为"未命名-1"。在同一个会话工作界面时（未关闭CorelDRAW程序），下一个新建的文档将会被命名为"未命名-2"，以此类推。

（2）预设目标（D）：是指文档最终输出作何用途，这些用途包括打印、HTML或一个图形。预设目标分为五种类型：默认RGB、默认CMYK、Web、CorelDRAW默认和自定义。

（3）大小（S）：在此项中可以方便地找出所需要制作的文档尺寸，而不需要重新设定。

（4）宽度（W）：自定义文档宽度尺寸。

（5）高度（H）：自定义文档高度尺寸。

（6）页码数（N）：自定义页码数量。

（7）原色模式（C）：CorelDRAW X7提供RGB和CMYK两种模式。如果选择CMYK模式，则"调色板"中色块的颜色会比实际的暗淡一些。

（8）渲染分辨率（R）：虽然CorelDRAW是一款矢量绘图软件，但CorelDRAW也能输出位图、导出图片和其他位图类型的文件。

（9）预览模式（P）：此模式分为简单线框、线框、草稿、常规、增强、像素等预览模式，但在一般情况下，几乎不会选择除增强外的预览模式。

（10）颜色设置：通常情况下，这个区域是不显示，并且作品保持一致就不可修改。Windows操作系统在图形软件（如CorelDRAW）安装时保存预置文件，软件通过这些预置文件来进行颜色管理。由于使用者同时安装了多种图形软件，因此，这样的预置文件就在不知不觉中随软件一起被安装到系统中。

3.2.2 同时处理多个文件

与很多图形处理软件一样，CorelDRAW X7也支持同时打开多个文档。不论是新建文档还是已保存的文档，所有打开的文档都在"窗口（W）"菜单底部列出来，无论打开几个文档，每个文档都是窗口最大化，但看见的只是最近的那个文档，每个文档的名称都会在CorelDRAW应用程序的标题栏中依次显示，单击相应名称的文档便可进行文档切换。"窗口"菜单页面如图3-13所示。

图3-13 "窗口"菜单页面

3.3 打开文档文件

在CorelDRAW中打开文档文件有以下几种打开方式：

（1）执行"文件"→"打开"菜单命令，在弹出的"打开绘图"对话框中找到要打开的CorelDRAW文档（标准格式为.cdr），如图3-14所示。

（2）在标准工具栏中单击"打开"图标，也可以打开"打开绘图"对话框。

（3）在"快速入门"对话框中单击最近使用过的文档。

图 3-14　打开绘图

（4）在文件夹中找到要打开的 CorelDRAW 文件，双击打开。

（5）在文件中找到需要打开的 CorelDRAW 文件，然后使用鼠标左键将其拖到 CorelDRAW 的操作界面中的灰色区域将其打开。

在 CorelDRAW 中可以打开许多由其他应用程序创建的文件，如 Adobe Illustrator 和 Microsoft PowerPoint。当打开由不同应用程序创建的文件时，CorelDRAW 会自动将内容转换成 CorelDRAW 格式。查看绘图窗口的标题栏就会发现 CorelDRAW 已经打开该文件，并且无文件名，但附带一个 .cdr 扩展名，原始应用程序文件原封不动地存储在硬盘上。

利用 CorelDRAW 导入过滤器打开外部应用文件时，文件中包含的图形和文本对象将转换为相近的格式，即 CorelDRAW 支持的兼容对象。尽管"打开"操作类似于一种导入操作，但有些文件格式可能无法完美打开，这取决于文件的类型和内容。

3.4　保存和关闭文档

在需要保存文件时，应养成经常按 Ctrl+S 键保存的习惯，同时自定义一些文件保存信息，将文件存储在硬盘上便于搜索的文件夹中。如果检索这个文档，那就应该设定保存位置、应用文件名并添加用户数据，同时完成一些相关的选项设置工作。

一般情况下，保存文件只需要在标准工具栏中单击"保存"按钮或选择"文件"保存命令或按 Ctrl+S 键，已有的文档中最近的修改就会自动保存，而不会打开任何对话框。

3.5　保存一定信息的文档

如果要保存一个新文档,有三种保存方式进行保存:单击工具栏中的"保存"按钮;使用快捷键 Ctrl+S;或者选择"文件"→"保存"命令。

打开"保存绘图"对话框后,用对话框保存选项设置文档的保存位置,在对话框下方"文件名中"输入需要保存文档的名称。如果要保存的文档格式不是 CorelDRAW 的 CDB 格式,则在"保存类型"中下拉列表选择要保存的文档格式。需要注意的是,将文档保存为非 CorelDRAW 文件类型则很难再次用 CorelDRAW 打开或使用 CorelDRAW 的全部功能对此进行编辑。

在保存为 CDR 格式后,可以在"版本"下拉列表中选择版本,通常情况下选择保存为最新版本,如果选择为旧版本,可能有些新功能和效果无法显示。

如果只保存绘图界面中的某个对象,则用鼠标左键选中以后进行保存,没有选中的对象就不会被保存。

如果选中"嵌入颜色预置文件"复选框,则可以选中嵌入文档时使用的颜色预置文件。保存之后文档大小并不会增加多少,嵌入颜色预置将会使文档打印出来时和计算机显示器上的无差别。

"另存为"命令快捷键为 Ctrl+Shift+S,应用于相同或不同的"保存"命令设置的文档副本。"另存为"命令经常在图形创作过程中频繁使用,这样可以返回到文件中的任意时期进行查看。组合使用"另存为"命令和"只是选定的"选项,在处理大量以后不再需要的对象时不必将这些对象删除,只需要使用"只是选定的"选项即可。

3.6　使用模板

模板是一种快捷保存已有设置或文档内容的特殊文件。模板后缀名是.cdt。对话框中提供的选项与"保存命令"对话框中的选项完全相同。

3.6.1　打开模板

如果要创建一个基于模板的文档,需要在"文件"→"从模板新建"命令中打开"从模板新建"对话框,可以在 CorelDRAW 的许多类别的专业设计中进行选择,如图 3-15 所示。

模板分为两大类:类型和行业。

(1) 类型:在"类型"下拉列表中会看见一个类型列表,可在里面选择需要的模板类型,如广告、小册子、名片、商用信笺等。

(2) 行业:在"行业"下拉列表中会看见一个行业列表,可在里面选择需要的模板类型,如社区、教育、旅游、其他等。

选择左边列表中的一个类型,如"广告"或"小册子",在对话框中心部分会显示可用模板的缩略图,单击其中一个缩略图,模板信息会载入到对话框底部的"模板详细资料"部分和右边的"设计员注释"部分。单击并拖动对话框底部的滑块,可以放大缩略图或缩小缩略图。选中模板后,预览窗口会显示模板第一页的缩略图,单击"确定"按钮则会出现一个新建的使

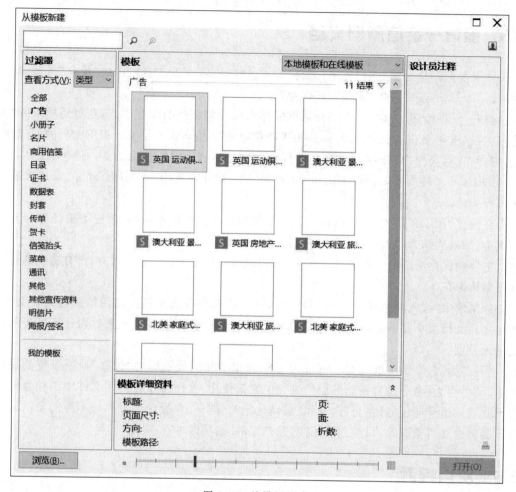

图 3-15　从模板新建

用模板内容和页面布局的文档。

3.6.2　打开和保存模板

后缀名为.cdt 的文件可通过软件打开,并编辑模板的格式和内容。使用"文件"→"打开"命令并选择文件类型。打开文件前会出现一个对话框,询问是否要把文件作为新文档或者编辑模板。如果要打开一个基于模板内容结构的新文档,则选择"从模板新建",并选中"具有内容"复选框。如果需要编辑模板内容,则选择"打开编辑"单选按钮。

保存编辑后的模板文件时,执行"保存"命令会自动保存为模板而不会打开任何对话框(不需要在"保存绘图"对话框中重新指定 CDT 文件类型)。

3.7　剪贴板功能

剪切板是一个能够存储上次复制对象的功具,复制或剪切的数据会保存在计算机系统内存中,利用"粘贴"命令可以将数据复制到文档中。最常用的 3 个功能为"剪切""复制""粘贴",这3个功能都可以通过"编辑"菜单或工具栏访问(剪切板如图3-16所示)或使用快捷键操作,其中"剪切"快捷键为Ctrl＋X,"复制"快捷键为Ctrl＋C,"粘贴"快捷键为Ctrl＋V。

图3-16　剪切板

3.7.1　对象的基本复制

在CorelDRAW中复制的对象都会覆盖到已有的对象上,复制完毕后复制的对象不会有任何改变。

复制方法有以下几种方法:

(1) 用鼠标左键选中对象,执行"编辑"→"复制"命令,接着执行"编辑"→"粘贴"命令,在原始对象上进行覆盖。

(2) 用鼠标左键选中对象,右击选择"复制"命令,接着把光标移动到需要复制的地方,再次右击选择"粘贴"命令,完成复制操作。

(3) 用鼠标左键选中对象,按快捷键Ctrl＋C将对象复制,再按快捷键Ctrl＋V进行粘贴。

(4) 用鼠标左键选中对象,在键盘上按(＋),在原位置上进行复制。

(5) 用鼠标左键选中对象,然后在"常用工具栏"中单击"复制"按钮,再单击"粘贴"按钮,进行原位复制。

(6) 用鼠标左键选中对象,按住鼠标左键将其拖曳到空白处,当出现蓝色线框时右击,松开鼠标左键,完成复制和粘贴。

3.7.2　对象的再制

在绘图制作的过程中,通常会需要将一些花边、底纹进行制作,"对象再制"可以把对象按一定规律进行再复制。再制的方法有两种:

(1) 选中对象,按住鼠标左键将其进行拖曳到空白处,执行"编辑"→"重复再制"菜单命令,即可按前面移动的规律进行相同的再制。

(2) 在默认页面属性栏中。先在设置位移"单位"类型(默认为毫米)、"微调距离"的偏离数值。在"再制距离"上输入准确的数值。

3.7.3　剪切

"剪切"命令自动删除文档中选中的元素,并将副本放置到剪贴板。选择"编辑"→"剪切"命令,单击标准工具栏的"剪切"按钮,或者使用标准快捷键Ctrl＋X,都可以完成剪切操作。

3.8　撤销与重做

如果在编辑对象的过程中操作错误,可以使用"撤销"命令和"重做"命令来进行撤销重做。

3.8.1　基础撤销操作

执行"编辑"→"撤销"命令或使用快捷键Ctrl＋Z,即可完成"撤销"操作;而在取消"撤销"操作时,选择"编辑"→"重做"命令或使用标准快捷键 Ctrl+Shift+Z。CorelDRAW 的标注工具栏中有"撤销""重做"按钮。两个按钮都包括单次操作按钮和弹出式菜单按钮,撤销页面如图 3-17 所示,单次单击操作按钮应用最近一次操作,单击弹出式菜单按钮显示最近操作的命令列表。单击列表中的可用命令"编辑"→"重做"即可执行。

3.8.2 "泊坞窗"撤销

如果要控制更多的最近操作,执行"窗口"→"泊坞窗"→"撤销"命令打开"撤销管理器"泊坞窗(如图 3-18 所示),单击"清除撤销列表"图标将会清除"撤销"泊坞窗中的所有操作,谨慎使用。

图 3-17　撤销页面

图 3-18　泊坞窗撤销

3.9　导入和导出文件

在使用软件进行创作时,经常需要将其他文件导入到正在工作的文档中进行编辑再制作,比如.jpg、.ai 和.tif 素材文件。

3.9.1　导入文件

将文件导入到正在工作的文档中有以下几种方法:

(1) 执行"文件"→"导入"菜单命令,然后在"导入"对话框中选择需要导入的文件,单击"导入"按钮准备导入,待光标变为直角方形时单击进行导入,如图 3-19 所示。

(2) 在标准工具栏上单击"导入"按钮,也可打开导入文档,"导入"按钮如图 3-20 所示。

(3) 在文件夹中找到要导入的文档,将其拖曳到编辑的工作界面文档中,采用这种导入方法,导入的文件会按照原比例大小显示。

3.9.2　导入设置颜色管理

为了保证文档在显示器、CorelDRAW 以及打印机打印出来呈现颜色效果一样,使用颜

图 3-19 导入文件

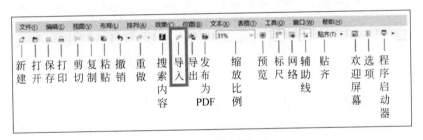

图 3-20 "导入"按钮

色预置文件是最好的办法。执行"工具"→"颜色管理"→"默认颜色管理设置",如图 3-21 所示。

3.9.3 导出文件

创作完成的文档可以导出为不同的保存格式,方便用户将其导入其他软件进行编辑。"文件"菜单中的"导出"命令(Ctrl+E 键)中含有导出过滤器,"导出"对话框中提供 40 多种不同的文件格式。

执行"文件"→"导出"菜单命令打开"导出"对话框,选择保存路径,在"文件名"文本框中输入文件名称,接着设置文件的"保存类型",单击"导出"按钮,导出文件如图 3-22 所示。

当导出文件"保存类型"为 JPG 时,会弹出"导出到 JPG"对话框,在"自定义"中设置"颜色模式",再设置"质量"以调整图片输出显示效果,其他保持默认即可,导出文件设置页面如图 3-23 所示。

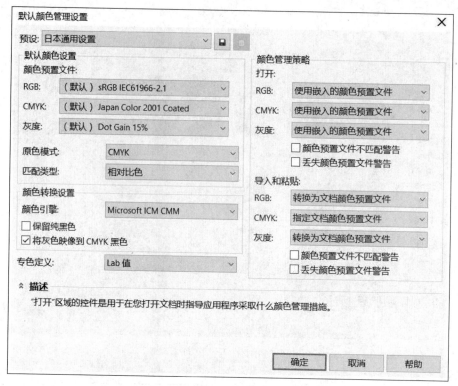

图 3-21　颜色管理

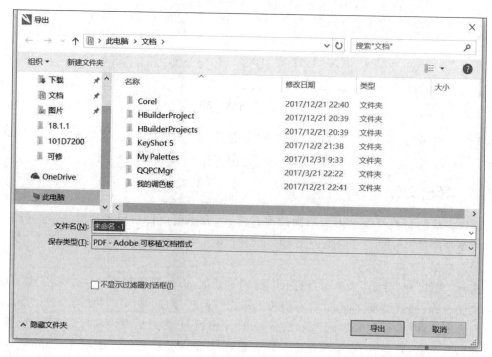

图 3-22　导出文件

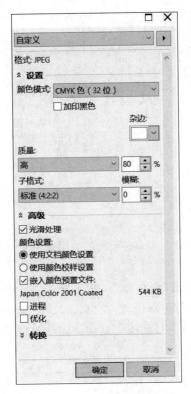

图 3-23　导出文件设置页面

第 4 章

页 面 设 置

4.1 设置页面

在新建文档时可以设置页面大小,还可以在编辑过程中重新设置页面。设置方法有以下两种:

（1）执行"布局"→"页面设置"菜单命令,打开"选项"对话框,在对话框中可以对页面尺寸"大小和方向"和"分辨率"进行重新设置,在"页面尺寸"选项组下有一个"只将大小应用到当前页面"复选项,如果勾选此选项,此操作只会应用到当前页面,不会影响到其他页面,如图 4-1 所示。

图 4-1　设置页面

- 大小:在此列表框下预设页面大小样式(字母、连环画、政府公文、政府信纸等)。
- 宽度、高度:输入数值或选择单位类型,设置需要的尺寸,单击"纵向"按钮,设置页面为纵向；单击"横向"按钮，则设置页面为横向。

- 只将大小应用到当前页面：如果工作中存在很多页面，选中该按钮，则该调整操作只应用到当前指定工作页面。
- 渲染分辨率：输入数值，设置需要的图像渲染分辨率。
- 出血：用于设置页面四周的出血宽度。

（2）单击页面或其他空白处，可以切换到页面的设置属性栏，接着在属性栏中对页面的尺寸、方向、应用方式进行调整。调整相关数值以后，单击"当前页"按钮设置仅应用于当前页，单击"所有页面"按钮设置应用于所有页面，页面属性栏如图4-2所示。

图 4-2　页面属性栏

在操作时需要对页面进行切换，可以单击页面导航器上的页面标签进行快速切换，或者进行跳页操作。

4.2　设置视图模式

4.2.1　"线框"和"简单线框"视图

在"视图"菜单的视图模式中，可按照顺序逐渐增加效果等级。"线框"和"简单线框"提供最少的细节，在"简单线框"视图模式下，能够看到的只是矢量对象的轮廓。当需要定位页面上某个形状，而又没时间在 CorelDRAW 中执行搜索时，"简单线框"模式就非常适用。"简单线框"中看不到对象的填充，但是能够显示出效果对象的结构，线框案例如图 4-3 所示。

图 4-3　线框视图案例

4.2.2　"草稿"视图

"草稿"视图的显示介于"线框"视图和"增强"视图之间。在"草稿"视图下，绘图的对象渲染带有颜色填充，但显示的仅是均匀填充，虚线、宽度和颜色也会显示出来。"草稿"视图与"增强"视图最大的不同是："草稿"视图下没有光滑处理，同时位图和渐变填充也不会按照预期显示出来。"草稿"视图最适用于评估矢量绘图中的基本颜色方案，草稿案例如图 4-4 所示。

图 4-4   草稿视图案例

4.2.3 "普通"视图

不同于"草稿"视图和"线框"视图,"普通"视图能够正确地显示出所有的渐变填充、位图填充,但不会对对象边缘进行光滑处理,图形边缘会有锯齿状,"普通"视图不会占用太大的显卡内存,适用于显卡内存容量不大的用户。普通视图案例如图 4-5 所示。

4.2.4 "增强"视图

"增强"视图是 CorelDRAW 中的默认视图。在"增强"视图下,所有矢量对象的边缘都会进行光滑处理。"增强"视图是作品查看的最佳模式,增强视图案例如图 4-6 所示。

图 4-5   普通视图案例   图 4-6   增强视图案例

4.2.5 "像素"视图

在该视图下,矢量图和位图数据显示在屏幕上,对象由像素组成,"像素"视图的质量取决于文档分辨率。

4.3 缩放和平移页面

在使用 CorelDRAW 进行创作时,经常会将页面上的图形进行放大或缩小以查看细节或者整体效果。缩放视图的方法有下列几个:

(1) 单击"缩放工具",然后在该工具的属性栏上进行相关操作,如图 4-7 所示。

(2) 在工具箱中单击"缩放工具",光标会变成带"+"的放大镜形状,此时可以在图像上放大图形,如果要缩小显示比例,则可以右击或按住 Shift 键,将光标变成带"-"的缩小镜形

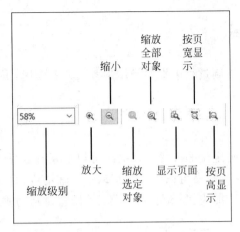

图 4-7 缩放工具

状后单击,进行缩小显示比例操作。

(3) 滚动鼠标中键(滑轮)进行放大缩小操作,按住 Shift 键滚动,则可以微调显示比例。

选择"缩放工具"属性栏会显示一些按钮和一个下拉选择器,如图 4-7 所示。

- 缩放级别:"缩放级别"下拉选择器中的缩放范围 10%～1600%,以及一些基于页面大小缩放的快速视图,可以直接在"缩放级别"组合框中输入值后,按 Enter 键。
- 放大:快捷键为 F2,视图放大两倍,右击会缩小为原来的 50%。
- 缩小:快捷键为 F3,视图缩小为原来的 50%。
- 缩放选定对象:快捷键为 Shift+F2,会将选定的对象最大化地显示在页面上。
- 缩放全部对象:快捷键为 F4,会将对象全部缩放到页面上,单击将页面缩小为原来的 50%。
- 显示页面:快捷键为 Shift+F4,将页面的宽和高最大化地全部显示处理。
- 按页宽显示:按页面宽度显示,右击会将页面缩小为原来的 50%。
- 按页高显示:最大化地按页面高度显示,右击将页面缩小为原来的 50%。

4.4 使用平稳工具

"平移"工具是文档滚动栏中代替文档滚动栏的一种快捷方式,"平移"工具的快捷键是 H,在移动的同时,文档标尺也会跟着移到新位置。

平移的方法:

(1) 向左移动:Alt+向左方向键。

(2) 向右移动:Alt+向右方向键。

(3) 向上移动:Alt+向上方向键。

(4) 向下移动:Alt+向下方向键。

4.5 辅助绘图工具

辅助绘图工具在图形绘制过程中提供操作参考或辅助作用,可以更加准确、快捷地完成创作。

4.5.1 设置辅助线

辅助线是可以进行准确定位的虚线。辅助线可以显示在绘图界面的任何位置,在文件输出时不会显示,用鼠标左键拖曳可以添加或移动平行辅助线、垂直辅助线和倾斜辅助线。

辅助线放置在文档窗口的上、下、左、右边界之间,它显示为垂直方向和水平方向的曲线,还可以旋转。

4.5.2 显示和隐藏辅助线

如果要在文档中查看辅助线,可在绘图界面空白区域执行"视图"→"辅助线"命令。勾选"显示辅助线"复选项,将显示辅助线,反之为隐藏辅助线。为了分辨辅助线,可以选择辅助线颜色,执行"工具"→"选项"→"文档"命令。辅助线隐藏、显示设置页面如图 4-8 所示。

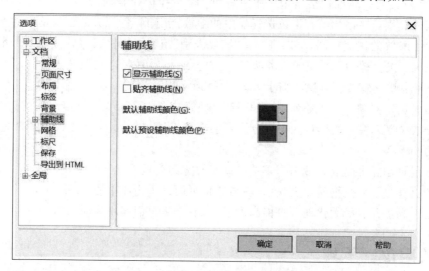

图 4-8 辅助线隐藏、显示设置页面

辅助线介绍:

(1)显示辅助线:显示和隐藏辅助线。

(2)贴齐辅助线:在页面中移动对象时,对象将自动向辅助线靠齐。

(3)默认辅助线颜色与默认预设辅助线颜色:在对应下拉列表中选择需要的颜色,可以修改辅助线和预设辅助线在绘图界面的颜色。

4.5.3 添加辅助线

将光标移动到水平或垂直标尺上,按住鼠标左键直接拖曳即可添加辅助线,设置倾斜辅助线时,选中垂直或水平辅助线,做倾斜处理。

在"选项"对话框中可进行辅助线设置,添加辅助线,用于精准定位。

水平辅助线:执行"工具"→"选项"对话框中选择"辅助线"→"水平"命令,设置好数据以后单击"添加""移动""删除"或"清除"按钮来进行操作,水平辅助线设置页面如图 4-9 所示。

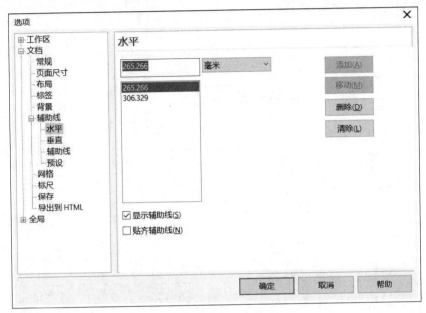

图 4-9 水平辅助线设置页面

添加辅助线可以通过以下三种方法完成:

(1)垂直辅助线:执行"工具"→"选项"对话框中选择"辅助线"→"垂直"命令,设置好数据后单击"添加""移动""删除"或"清除"按钮来进行需要操作,垂直辅助线设置页面如图 4-10 所示。

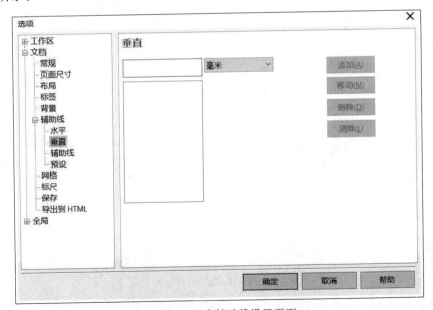

图 4-10 垂直辅助线设置页面

（2）倾斜辅助线：执行"工具"→"选项"对话框中选择"辅助线"命令。设置旋转角度后单击"添加""移动""删除"或"清除"按钮进行操作。"2 点"选项表示 x、y 轴上的两点，可以分别输入数值精确定位。"角度和 1 点"选项表示某一点和某角度，精确设定角度，倾斜辅助线设置页面如图 4-11～图 4-13 所示。

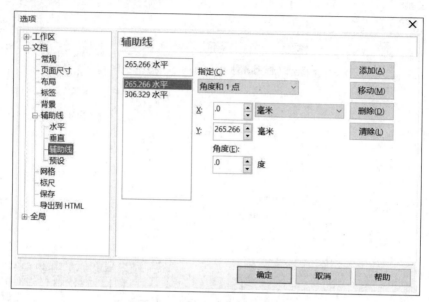

图 4-11　倾斜辅助线设置页面(1)

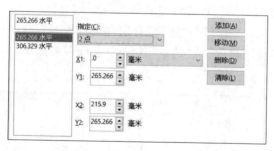

图 4-12　倾斜辅助线设置页面(2)

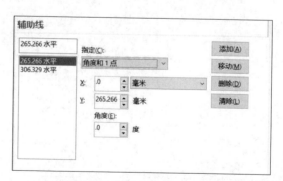

图 4-13　倾斜辅助线设置页面(3)

（3）辅助线的预设：执行"工具"→"选项"对话框中选择"辅助线"→"预设"命令，勾选

"Corel 预设"或"用户定义预设"单选项进行设置,用户根据需要勾选"一厘米页边距""出血区域""页边框""可打印区域""三栏通讯""基本网格"和"左上网格"进行预设。选择用户自定义,可以自定义设置,辅助线预设页面如图 4-14 和图 4-15 所示。

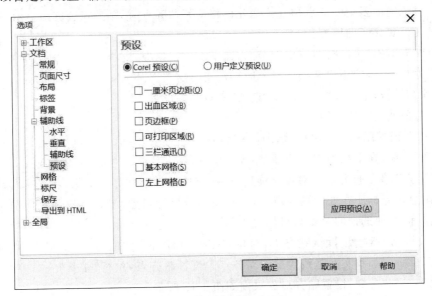

图 4-14　辅助线预设页面(1)

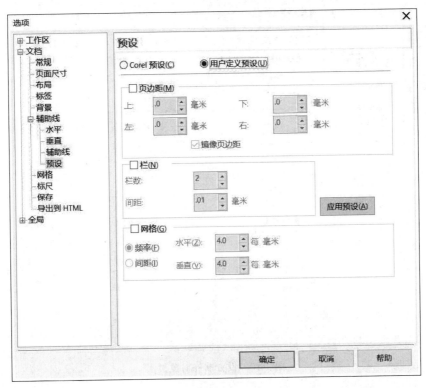

图 4-15　辅助线预设页面(2)

4.5.4　贴齐对象

在移动或绘制对象时,通过设置贴齐功能,可以将该对象与绘图的一个对象贴齐,也可以与目标对象中的多个贴齐点贴齐。当光标移动到贴齐点时,贴齐点会突出显示,表示该贴齐点就是光标要靠齐的地方。

通过贴齐对象,可以将对象中的节点、交集、中点、象限、正切、垂直、边缘、中心和文本基线等设置为贴齐点,使用户在贴齐对象时得到实时反馈。

"选项"对话框中选择"贴齐对象"选项,进行相关设置。

贴齐对象使用方法介绍:

(1)打开或关闭贴齐:执行"贴图"→"贴齐"→"对象"菜单命令,或单击"常用工具栏"中的"贴齐"按钮,在下拉列表中选择"贴齐对象"命令,使"贴齐对象"命令前显示勾选标记。

(2)贴齐对象:打开贴齐对象功能后,选择与目标对象贴齐的对象,将光标移动到对象上,会突出显示光标所在处的贴齐点,将该对象移至目标对象,当目标对象突出显示贴齐点时,释放鼠标,可使选择的对象与目标对象贴齐。

(3)设置贴齐对象:默认状态下,对象可以与目标对象中的节点、交集、中点、象限、正切、垂直、边缘、中心和文本基线等贴齐对齐点。设置贴齐点,执行"工具"→"选项"→"工作区"→"贴齐对象"命令,设置贴齐对象页面如图 4-16 所示。

图 4-16　设置贴齐对象页面

贴齐对象模式介绍:

(1)贴齐对象:选中该复选项,打开贴齐对象。

（2）显示贴齐位置标记：选中该复选项，在贴齐对象时显示贴齐标记点，反之则隐藏贴齐标记点。

（3）屏幕提示：选中该复选项，显示屏幕提示，反之则隐藏屏幕提示。

（4）模式：在该选项栏中可启用一个或多个模式复选项，打开相应的贴齐模式。单击"选择全部"按钮，启用所有贴齐模式。单击"全部取消"按钮，可禁用所有贴齐模式但不关闭贴齐功能。

（5）贴齐半径：设置光标激活贴齐点时的相应距离。

（6）贴齐页面：勾选该复选项，可以在对象靠近页面边缘时激活贴齐功能，对齐到当前靠近的页面边缘。

4.5.5 标尺

标尺是辅助设计对象定位、确定对象定位或确定尺寸的工具，默认状态下，在绘图界面的上方和左侧。与其他辅助工具一样，在输出时对对象的实际效果并无影响。

右击"标尺交叉点"按钮，出现"定位辅助工具设置"选项栏。单击"标尺设置"，出现"标尺"对话框，标尺设置菜单如图 4-17 所示，标尺设置页面如图 4-18 所示。

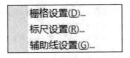

图 4-17　标尺设置菜单

图 4-18　标尺设置页面

标尺设置介绍：

（1）单位：下拉列表中可选择不同的测量单位，默认单位为"毫米"。

（2）原始：在"水平"和"垂直"文字框中输入精确的数值，用来定义坐标原点的位置。

（3）记号划分：在文字框中输入数值来修改标尺的刻度记号，输入的数值决定每一段数值之间刻度记号的数量。

（4）编辑缩放比例：单击"缩放比例标尺"按钮，打开"绘图比例"对话框，在"典型比例"下拉列表中，可选择不同的刻度比例。

4.5.6　网格

网格与标尺一样也是辅助定位的工具，由均匀分布的水平和垂直线组成，使用网格可以在绘图窗口中精确地对齐和定位对象，通过制定频率或间隔，可以设置网格线或点之间的距离，使定位更加准确，网格设置页面如图 4-19 所示。

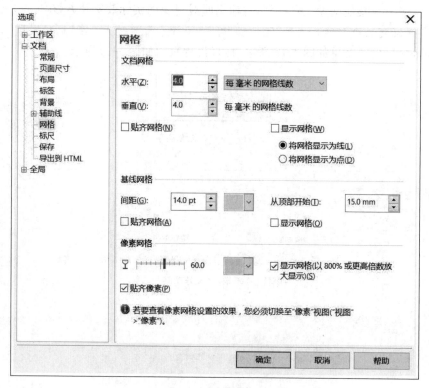

图 4-19　网格设置页面

第 5 章

基本对象编辑

在计算机桌面上双击 CorelDRAW X7 绘图软件,执行"文件"→"打开"菜单命令,在打开的"打开绘图"对话框中找到要打开的 CorelDRAW X7 文件。

5.1 对象操作

利用菜单命令:执行"编辑"→"全选"菜单命令,出现子菜单,单击"对象""文本""辅助线""节点"命令可分别选取文档中的相关对象,全选子页面如图 5-1 所示。

利用工具箱:单击工具箱中"选择工具",选择要选取的对象,案例如图 5-2 和图 5-3 所示。

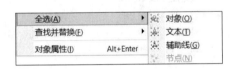

图 5-1 全选子页面

图 5-2 案例(1)

图 5-3 案例(2)

当要选取多个对象时,选择其中一个对象后,按住 Shift 键再选择其他所需选取的对象。

5.1.1 删除对象

删除对象可以通过以下三种方法完成:

(1) 利用菜单命令:选定要删除的对象,执行"编辑"→"删除"菜单命令,如图 5-4 所示。

(2) 利用右键菜单:选定需要删除的对象,右击,出现右键的选择菜单,单击"删除",在选定多个对象的情况下,删除对象为选定的全部对象,如图 5-5 所示。

(3) 利用快捷键:选定需要删除的对象,按下快捷键 Delete 进行删除。

5.1.2 复制对象

复制对象可以通过以下四种方法完成:

图 5-4   "编辑"菜单页面

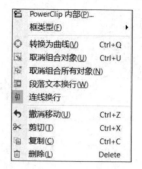

图 5-5   右键删除菜单页面

（1）利用菜单命令：选定要复制的对象，执行"编辑"→"复制"菜单命令，对象已被复制，保存在剪贴板中，但在绘图界面中没有变化，如图 5-6 所示。

（2）利用右键菜单：选定需要复制的对象，右击，出现右键菜单，单击"复制"，如图 5-7 所示。

图 5-6   "编辑"菜单页面

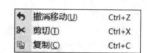

图 5-7   右键复制菜单页面

（3）利用工具栏按钮：选定需要复制的对象，单击"复制"按钮。

（4）利用快捷键：选定需要复制的对象，按快捷键 Ctrl＋C 复制。

5.1.3   剪切对象

剪切对象可以通过以下四种方法完成：

（1）利用菜单命令：选定要复制的对象，执行"编辑"→"剪切"菜单命令，对象已被剪切，保存在剪贴板中，但在绘图界面中没有变化，如图 5-8 所示。

（2）利用右键菜单：选定需要剪切的对象，右击，出现右键菜单，单击"剪切"，如图 5-9 所示。

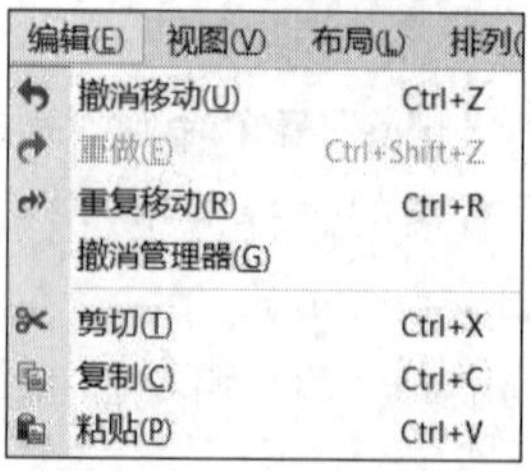

图 5-8   "编辑"菜单页面

图 5-9   右键剪切菜单页面

（3）利用工具栏按钮：选定需要剪切的对象，单击"剪切"按钮。

（4）利用快捷键：选定需要剪切的对象，按快捷键 Ctrl+X 剪切。

5.1.4 粘贴对象

粘贴对象可以通过以下四种方法完成：

（1）利用菜单命令："粘贴"命令常与"复制""剪切"命令共同使用。当剪贴板中有文件信息时，选定要粘贴的对象，执行"编辑"→"粘贴"菜单命令。剪贴板中最新存入的对象将被粘贴在其原位置，如图 5-10 所示。

（2）利用右键菜单：选定需要粘贴的对象，右击，出现右键菜单，在绘图界面空白处单击"粘贴"，如图 5-11 所示。

图 5-10 "编辑"菜单页面　　　　　　图 5-11 右键粘贴菜单页面

（3）利用工具栏按钮：选定需要粘贴的对象，单击"粘贴"按钮。

（4）利用快捷键：选定需要粘贴的对象，按快捷键 Ctrl+V 粘贴。

5.1.5 撤销对象

撤销对象是指取消已执行的某些步骤，将文件还原到一定范围内的一定步骤的操作。

撤销对象可以通过以下四种方法完成：

（1）利用菜单命令：选定要撤销的对象，执行"编辑"→"撤销"菜单命令。"撤销"后面的文字由上一步的操作种类而决定，如"撤销移动""撤销粘贴"等，"编辑"菜单页面如图 5-12 所示。

（2）利用右键菜单：选定需要撤销的对象，右击，出现右键菜单，单击"撤销移动"，如图 5-13 所示。

图 5-12 "编辑"菜单页面　　　　　　图 5-13 右键撤销移动菜单页面

（3）利用工具栏按钮：单击"返回上一级"按钮，逐一撤销操作，如果需要撤销多次操作，则单击"返回上一级"按钮后的"菜单拓展"按钮，出现下拉菜单，单击其中的某个步骤，此步骤后面的操作将都被撤销。

（4）利用快捷键：快捷键为 Ctrl+Z。

5.1.6　重做对象

"重做"是指将某些已撤销的步骤还原的操作,有以下两种使用方法:

(1) 利用菜单命令:选定要撤销的对象,执行"编辑"→"撤销"菜单命令,"重做"后面的文字视上一步进行的操作种类而定。使用菜单命令,每次只能重复一个操作步骤。

(2) 利用工具栏按钮:单击"返回上一级"按钮,逐一重做对象。按"返回上一级"按钮后的"菜单拓展"按钮,出现下拉菜单,单击其中的某个步骤,此步骤及以前的操作都将被恢复。

5.1.7　重复对象

"重复"是指将刚刚执行的操作进行再次执行,有以下两种使用方法:

(1) 利用菜单命令:执行"编辑"→"重复"菜单命令,与"撤销""重做"相同,"重做"后面的文字也因上一步进行的操作种类而定。

(2) 利用快捷键:快捷键 Ctrl+R。

5.2　变换对象

变换对象包括变换对象的位置、形状、尺寸和角度,通过自由变换工具完成。CorelDRAW 可变换的对象,包括文本、图形、位图等。

5.2.1　移动对象

移动对象可以通过以下三种方法完成:

(1) 利用鼠标:选择要移动的对象,对象所占的位置有 8 个控制点,案例如图 5-14 所示,移动鼠标,当鼠标指针变成"带箭头的十字形"时,单击并拖动即可。

(2) 利用属性栏:当需要精确移动对象时,可通过属性栏上的坐标操作。单击要移动的对象,在属性栏的最左侧出现对象坐标,标识出的是对象当前所处的位置,修改坐标中的数字即可定位,坐标如图 5-15 所示。

X: 20.0 mm
Y: 112.808 mm

图 5-14　移动对象案例　　　　　　　　图 5-15　坐标

(3) 利用泊坞窗:执行"排列"→"变换"→"位置"菜单命令,或执行"窗口"→"泊坞窗"→"变换"→"位置"菜单命令,开启泊坞窗。在水平、垂直编辑框中直接修改位置即可,变换页面如图 5-16 所示。

5.2.2 缩放对象

缩放对象可以通过以下三种方法完成：

（1）利用鼠标：选定要缩放的对象，鼠标移动到8个点中的任意一点上，单击鼠标，根据需要进行拖动即可。

（2）利用属性栏：属性栏可以精确缩放对象。选取需要缩放的对象，属性栏里对象坐标右侧为对象尺寸栏，缩放属性栏如图5-17所示。

图 5-16　变换页面

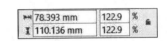

图 5-17　缩放属性栏

第一排的第一行和第二行编辑栏里显示的分别是对象当前的宽度和高度，直接在其中填入预期的对象尺寸。

"％"前编辑框自动显示指定尺寸对于原始尺寸横向、纵向的缩放比例。如果修改"％"前的编辑框里的数值，后第一排的第一行和第二行编辑栏里的数值同样会改变。

最右侧的标志指的是是否需要锁定纵横比，单击即可切换。当锁定纵横比时，只要改变其中一个，另一个也会随之改变。

（3）利用快捷键：比例的快捷键为 Alt＋F9，大小的快捷键为 Alt＋F10。

5.2.3 倾斜对象

执行"变换"面板中的"倾斜"选项，能精确地对图形的倾斜度进行设置。倾斜对象设置的方法有以下两种：

（1）双击需要倾斜的对象，当对象周围出现旋转和倾斜箭头后，将光标移动到水平或直线上的倾斜锚点上，按住鼠标左键拖曳即可，案例如图5-18所示。

图 5-18　倾斜对象案例

（2）选中需要倾斜的对象,执行"对象""变换""倾斜"菜单命令,在"变换"面板中设置 x 轴和 y 轴文本框的数值,接着选择"使用锚点",最后单击"应用"按钮,变换设置页面如图 5-19所示。

图 5-19　变换设置页面

5.2.4　镜像对象

镜像用于制造对象关于线对称的效果,CorelDRAW 中提供了垂直和水平两种基本镜像命令。水平镜像是以垂直线为对称轴将对象翻转,垂直镜像则以水平线作为对称轴将对象翻转,案例如图 5-20 和图 5-21 所示。

图 5-20　垂直镜像案例　　　　　　图 5-21　水平镜像案例

镜像设置可以通过以下两种方法完成:

（1）属性栏:选定对象,属性栏中的水平镜像和垂直镜像用于对象编辑,两个按钮分别可用于水平镜像和垂直镜像。

（2）泊坞窗:执行"排列"→"变换"→"比例"菜单命令,开启泊坞窗,泊坞窗页面(变换设置页面)如图 5-22 所示。

图 5-22　泊坞窗页面(变换设置页面)

5.3　控制对象

在作品创造过程中,为了达到需要的效果,绘图窗口中的一些对象需要进行相应的控制操作,如组合对象、调整对象、设置对象的层次等。

5.3.1 锁定与解除锁定对象

在绘图界面工作时,为了避免操作失误,可以将不需要编辑的对象进行锁定,锁定的对象不会被误删与拖曳,需要编辑时再进行解锁。

1. 锁定对象

锁定对象可以通过以下两种方法完成:

(1)选中需要锁定的对象,右击对象,在右键菜单中选择"锁定对象"命令。锁定后,对象锚点变为小锁,案例如图 5-23 所示。

(2)选中需要锁定的对象,执行"对象"→"锁定对象"菜单命令,可以同时锁定多个对象。

2. 解锁对象

解锁对象可以通过以下两种方法完成:

(1)选中需要解锁的对象,右击对象,在右键菜单中选择"解锁对象"命令。锁定后对象小锁变为锚点,案例如图 5-24 所示。

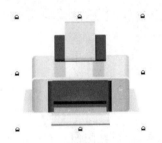

图 5-23 锁定对象案例　　　　　　图 5-24 解锁对象案例

(2)选中需要解锁的对象,执行"对象"→"解锁对象"菜单命令,可以同时解锁多个对象。

5.3.2 设置对象的层次

设置对象的层次可通过以下三种方法完成:

(1)利用菜单命令:选定要改变层次的对象,执行"排列"→"顺序"菜单命令,出现子菜单,单击相应命令,可直接执行"到页面前面""到页面背面""到图层前面""到图层后面""向前一层""向后一层"等操作,顺序菜单页面如图 5-25 所示。

(2)利用右键菜单:选定要改变层次的对象,右击,将光标移动到右键菜单中执行"顺序",再单击相应命令。

(3)利用快捷键:"到页面前面"的快捷键为 Ctrl＋Home,"到页面背面"的快捷键为 Ctrl＋End、"到图层前面"的快捷键为 Shift＋PgUp,"到图层后面"的快捷键为 Shift＋PgDn,"向前一层"的快捷键为 Ctrl＋PgUp,"向后一层"的快捷键为 Ctrl＋PgDn。

到页面前面(F)	Ctrl+Home
到页面背面(B)	Ctrl+End
到图层前面(L)	Shift+PgUp
到图层后面(A)	Shift+PgDn
向前一层(O)	Ctrl+PgUp
向后一层(N)	Ctrl+PgDn
置于此对象前(I)...	
置于此对象后(E)...	
逆序(R)	

图 5-25 顺序菜单页面

5.3.3　群组对象及相关操作

在绘图界面工作时,为了便于操作,通常将多个单一的对象组合为一个整体,群组后的对象会处于同一图层。

群组对象可以通过以下三种方法完成:

(1)菜单命令:选定需要进行群组的对象,执行"排列"→"群组"菜单命令,即可对所需对象进行群组。

(2)右键菜单:选定需要进行群组的对象,右击,在右键菜单中单击"群组"。

(3)快捷键:Ctrl+C。

取消单个群组对象可以通过以下三种方法完成:

(1)菜单命令:选定需要取消群组的对象,执行"排列"→"取消群组"菜单命令,即可对所需对象取消群组。

(2)右键菜单:选定需要取消群组的对象,右击,在右键菜单中单击"取消群组"。

(3)快捷键:Ctrl+U。

取消全部群组对象可以通过以下两种方法完成:

(1)菜单命令:选定需要取消全部群组的对象,执行"排列"→"取消全部群组"菜单命令,即可对所需对象取消全部群组。

(2)右键菜单:选定需要取消全部群组的对象,右击,在右键菜单中单击"取消全部群组"。

5.3.4　合并与拆分对象

合并图像与组合对象不同,组合对象不会改变对象形态,而合并图像则有可能将对象合并为一个新图像。

合并与拆分对象可以通过以下三种方法完成:

(1)选中要合并的对象,在属性栏中单击"合并"按钮,将其合并为一个新图像;单击"拆分"按钮,将其拆分为多个单独对象,案例如图5-26所示。

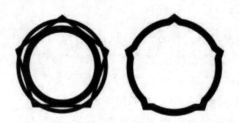

图5-26　合并与拆分对象案例

(2)选中要合并的对象后右击,在右键菜单中执行"合并"命令完成操作;选中需要拆分的对象后右击,在右键菜单中执行"拆分"命令完成操作。

(3)选中要合并的对象,执行"对象"→"合并"命令;选中要拆分的对象,执行"对象"→"拆分"命令。

5.4　变化对象

变化对象是将单个或多个对象进行"修剪""相交""简化"等操作。

5.4.1　修剪对象

"修剪"是通过移除重叠的对象区域来创造新对象，修剪后，目标对象在原对象外的区域会被剪去。案例如图 5-27 所示。

修剪对象可以通过以下两种方法完成：

（1）菜单命令：先确定源对象，再选定目标对象，执"排列"→"造形"→"修剪"菜单命令。

（2）属性栏：选定要修剪的对象，单击"修剪"按钮。

5.4.2　相交对象

"相交"是将一个或多个对象与目标相重叠部分组合为一个新对象，可通过以下两种方法完成。案例如图 5-28 所示。

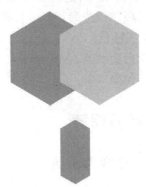

图 5-27　修剪对象案例

图 5-28　相交对象案例

相交对象可以通过以下两种方法完成：

（1）菜单命令：执行"排列"→"造形"→"相交"菜单命令。

（2）属性栏：选定需要相交的对象，单击"相交"按钮。

5.4.3　简化对象

简化是将下层对象与上层对象相重叠的部分去掉的操作，案例如图 5-29 所示。

图 5-29　简化对象案例

简化设置可以通过以下两种方法完成：

（1）菜单命令：选定需要简化的对象，执行"排列"→"造形"→"简化"菜单命令。

（2）属性栏：选定需要简化的对象，单击"简化"按钮。

5.4.4　叠加对象

"叠加对象"操作包括"后剪前"和"前剪后"。"前剪后"是以位于页面前面的对象为基础，去除位移页面后对象与其重叠的部分，创建新对象的操作。"后剪前"则与之相反。案例如图 5-30 所示。

图 5-30　叠加对象案例

叠加对象可以通过以下两种方法完成：

（1）菜单命令：选定需要叠加的前后两个对象组，执行"排列"→"造形"→"移除后面对象"或"排列"→"造形"→"移除前面对象"命令。

（2）属性栏：

移除后面对象：选定需要叠加的前后两个对象组，单击"后剪前"按钮。

移除前面对象：选定需要叠加的前后两个对象组，单击"前剪后"按钮。

5.5　转换对象

5.5.1　转换为曲线

"转换为曲线"是将非曲线的对象转化为曲线对象的操作过程。转化后的对象与原对象并没有任何差别，并非通常意义上的曲线。转换后的"曲线对象"可以进行曲线操作。案例如图 5-31 所示。

转化为曲线可以通过以下两种方法完成：

（1）菜单命令：选定要转换为曲线的对象，执行"排列"→"转换为曲线"菜单命令。

（2）右键菜单：选定要转换为曲线的对象，右击，在右键菜单中执行"转换为曲线"命令。

图 5-31　转换为曲线案例

5.5.2　将轮廓转换为对象

"将轮廓转换为对象"是把有轮廓的对象中的轮廓提取出来的操作，案例如图 5-32 所示。

将轮廓转换为对象可以通过以下两种方法完成：

（1）菜单命令：选定要转换为曲线的对象，执行"排列"→"将轮廓转换为对象"菜单命令。

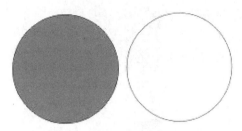

图 5-32 将轮廓转换为对象案例

（2）快捷键：Ctrl＋Shift＋Q。

5.5.3 连接曲线

"连接曲线"是指起始点和结束点相连的曲线，使用"连接曲线"操作可对多条曲线首尾连接。

菜单命令：选定要转换为曲线的对象，执行"排列"→"连接曲线"菜单命令。

5.6 对象的属性

5.6.1 轮廓线颜色

"轮廓"是定义对象形状的线条，在 CorelDRAW 中可以对其他颜色、宽度、样式、端头进行编辑。

调色板：调色板默认状态下在绘图界面工作窗口的右侧，选定要填充的对象，用鼠标右键单击调色板上的颜色，对象轮廓即可改变。如调色板中没有想要的颜色，可通过单击调色板顶部或底部上、下方的"箭头"按钮，以获得更多可选择的颜色。

轮廓线颜色设置可以通过以下四种方法完成：

（1）CorelDRAW 为用户提供了自定义调色板的颜色模型。默认状态下，调色板采用 CMYK 颜色模型，如需更改，则单击调色板上方的"箭头"按钮，将出现调色板设置菜单，单击"调色板"→"新建"和"调色板"→"打开"也会出现调色板设置菜单，用于保存自定义的调色板和选用以设定的调色板模板。"调色板"→"保存"，"调色板"→"另存为"用于保存当前设定的调色板。"调色板"→"关闭"用于关闭调色板，调色板页面如图 5-33～图 5-36 所示。

（2）执行调色板设置菜单中的"编辑颜色"命令，出现"调色编辑器"对话框，在对话框上方下拉列表，用于选择调色板使用的颜色模型。单击左侧的颜色方块后可进行编辑或删除，或将新的颜色加入其中。单击右侧的"将颜色排序"选项，可以重新排序当前调色板中显示的颜色方块，可按"色度""亮度""饱和度""RGB 值""HSB 值""名称"等进行排序，也可"反转"当前的排序。

单击调色板菜单中的"设为默认值"可以恢复调色板的初始设置；单击"显示颜色名"可以显示或隐藏颜色名；单击"滚动到起始处"或"滚动到结束处"可以调节调色板当前显示的色块的位置。

单击调色板设置菜单中的"自定义"命令，将出现"选项"对话框的"调色板"选项，此对话框用于设置调色板的显示方式及操作方式，调色板编辑器页面如图 5-37 和图 5-38 所示。

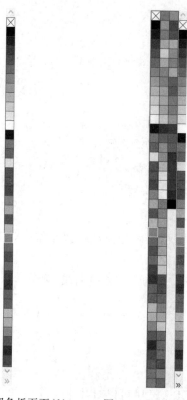

图 5-33 调色板页面(1)

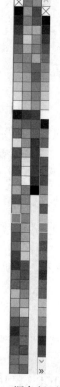

图 5-34 调色板页面(2)

图 5-35 调色板页面(3)

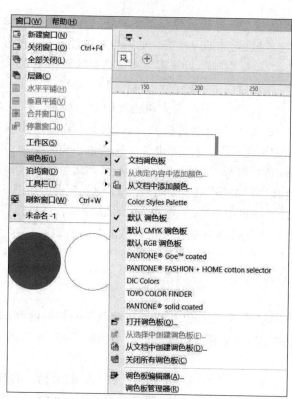

图 5-36 调色板页面(4)

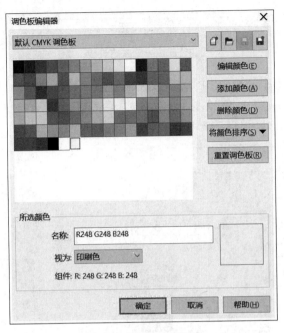

图 5-37　调色板编辑器

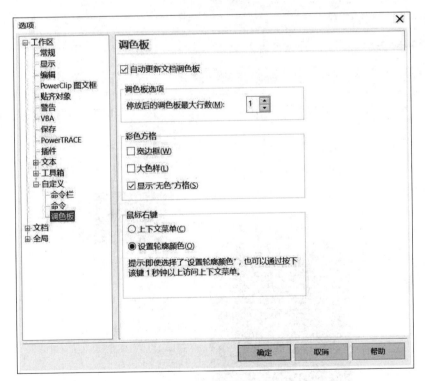

图 5-38　调色板页面

（3）状态栏：选定需要更改轮廓颜色的对象，在属性栏中"轮廓笔"会显示当前选定对象的轮廓状态，轮廓笔设置如图 5-39 所示，双击"轮廓笔"后面的色块，出现"轮廓笔"对话框，使用"颜色"下拉列表选择颜色，轮廓笔设置页面如图 5-40 所示。

图 5-39　轮廓笔设置

（4）工具箱：单击工具箱中"轮廓笔"按钮右下角的黑色三角形图标，出现工具条，单击工具条中的"轮廓笔"或"轮廓色"图标，分别出现"轮廓笔"对话框和"轮廓颜色"对话框，可在其中设置颜色，如图 5-41 和图 5-42 所示。

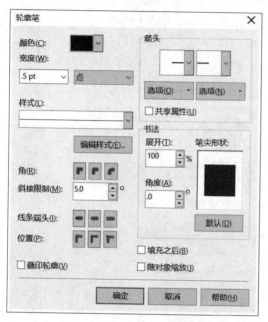

图 5-40　轮廓笔设置页面

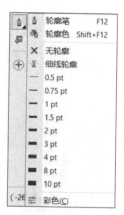

图 5-41　"轮廓笔"对话框

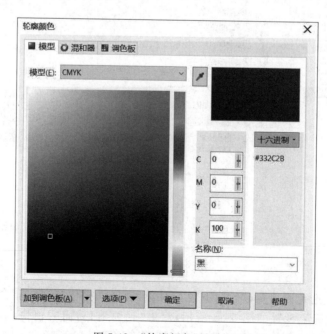

图 5-42　"轮廓颜色"对话框

5.6.2 轮廓线宽度

轮廓线宽度的设置可以通过以下三种方法完成:

(1)属性栏:单击"轮廓笔"图标右侧的箭头按钮,在"轮廓笔"图标的下拉列表中选择宽度,包括"无""细线""0.5pt(mm)""0.75pt(mm)""1.0pt(mm)""1.5pt(mm)""2.0pt(mm)""3.0pt(mm)""4.0pt(mm)""8.0pt(mm)""10.0pt(mm)""12.0pt(mm)""16.0pt(mm)""24.0pt(mm)""36.0pt(mm)"等15种宽度可以自行选择,设置轮廓线如图5-43所示。

(2)工具箱:单击工具箱中"轮廓笔"按钮,出现工具条,工具条中可选择轮廓线宽度,轮廓笔页面如图5-44所示。

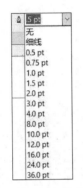

图 5-43　设置轮廓线

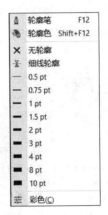

图 5-44　轮廓笔页面

(3)状态栏:选定要更改轮廓宽度的对象,单击属性栏中的"轮廓笔"图标,依次显示轮廓颜色、宽度,双击宽度,轮廓笔设置页面如图5-45所示。

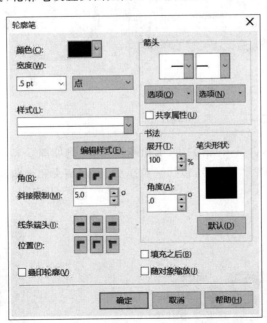

图 5-45　轮廓笔设置页面

5.6.3 轮廓线样式

设置轮廓线的样式可以使图形对象美观度提升,起到醒目的效果和提示的作用。

轮廓线样式设置可以通过以下两种方法完成:

(1)属性栏:选中需要改变轮廓样式的对象,在属性栏"线条样式"中可下拉选项框,选择相应的轮廓样式进行变更,轮廓线样式对话框如图5-46所示。

图5-46 轮廓线样式
对话框

(2)状态栏:选中需要改变轮廓样式的对象,双击状态栏下的"轮廓笔"按钮,打开"轮廓笔"对话框,在对话框里的"样式"选项下可选择需要的样式,轮廓笔设置页面如图5-47和图5-48所示。

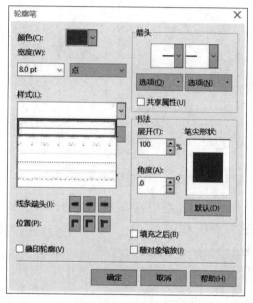

图5-47 轮廓笔设置页面

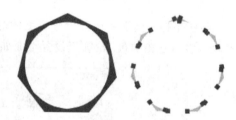

图5-48 轮廓笔设置案例

5.6.4 角与线条端头

"角"是对象轮廓的折点,包括尖角、圆角和切角,案例如图5-49所示。

"线条端头"是对象轮廓的端点,包括平角端头、圆角端头和平角外延端头,案例如图5-50所示。

图5-49 角案例

图5-50 线条端头案例

设置角与线条端头可以通过以下两种方法完成：

（1）工具箱：单击工具箱中"轮廓笔"图标右下角黑色三角形图形，在工具条上单击"轮廓笔"图标，出现"轮廓笔"对话框，选定要编辑的对象，在"角"和"线条端头"选项中可选择角和线条端头的样式，轮廓笔设置页面如图 5-51 所示。

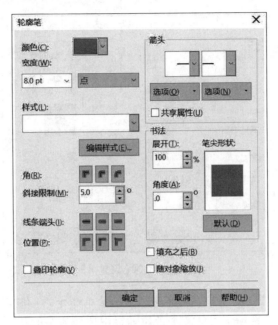

图 5-51　轮廓笔设置页面

（2）泊坞窗：执行"窗口"→"泊坞窗"→"窗口"菜单命令。打开"对象属性"，单击上面的"高级"按钮，出"轮廓笔"对话框，轮廓笔设置页面如图 5-51 所示。

5.6.5　箭头

箭头的选择可以通过以下四种方法完成：

（1）属性栏：选定要编辑的对象，单击属性栏上的起始箭头或终止箭头的选择框，在下拉列表中选择需要的箭头形状，箭头对话框如图 5-52 和图 5-53 所示。

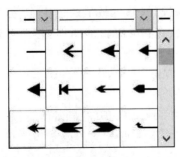

图 5-52　箭头对话框(1)

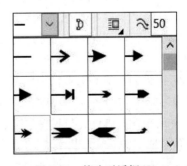

图 5-53　箭头对话框(2)

（2）工具箱：单击工具箱中"轮廓笔"右下角的黑色三角形图形，在滑出的工具条上单击"轮廓笔"图标，出现"轮廓笔"对话框，选定要编辑的对象，在"箭头"下拉列表选择箭头样式,单击箭头下方的"选项"按钮,可选择箭头的状态,轮廓笔设置页面如图 5-54 所示。

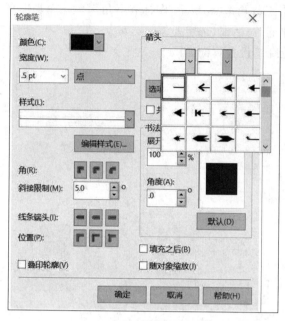

图 5-54　轮廓笔设置页面

　　(3)泊坞窗:执行"窗口"→"泊坞窗"→"属性"菜单命令,打开"对象属性"泊坞窗,选定要编辑的对象,在"样式"选项下方的两个下拉列表中选择箭头的状态。

　　(4)状态栏:选定要更改轮廓的对象,属性栏中"轮廓笔"图标后依次显示轮廓"颜色""宽度",双击"宽度",出现"轮廓笔"页面。

5.7　填充属性

5.7.1　标准填充

　　"标准填充"即纯色填充,填充后的对象将整体保持统一的颜色。

　　标准填充可以通过以下三种方法完成:

　　(1)调色板:选择要填充的对象,单击绘图界面右侧的调色板上的色块,鼠标左键填充对象内部,右键填充对象边缘。选择的颜色将应用于下次编辑的图形、艺术效果或段落文本。

　　(2)工具箱:双击工具箱中的"填充"图标旁的"正方形"图形,出现"编辑填充"对话框,单击"均匀填充"对话框,"编辑填充"对话框如图 5-55 所示。

　　(3)泊坞窗:执行"窗口"→"泊坞窗"→"属性"菜单命令,打开"对象属性"泊坞窗。单击"填充类型"在对话框中选择"填充"文字底下的"正方形图形""均匀填充",填充设置如图 5-56 所示。

5.7.2　渐变填充

　　"渐变填充"是在对象内存使用两种或多种颜色平滑渐变的填充,渐变的类型分为线性、

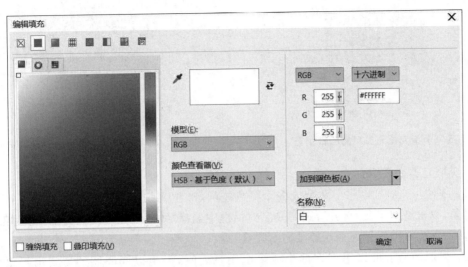

图 5-55 "编辑填充"对话框

图 5-56 填充设置

圆形、圆锥和矩形。双色渐变是一种颜色逐渐转变为另一种颜色,自定义填充可以有多种颜色的渐变,渐变填充类型如图 5-57~图 5-60 所示。

图 5-57 渐变填充类型的线性填充

图 5-58 渐变填充类型的圆形填充

图 5-59　渐变填充类型的圆锥填充

图 5-60　渐变填充类型的矩形填充

渐变填充类型介绍：

（1）线性填充：可以用于两个或多个颜色之间，产生直线的颜色渐变。选中要进行填充的对象，双击渐层工具，打开"编辑填充"对话框中选择"线性填充"，设置类型"线性填充"，再设置"节点位置"（根据使用者需要自行设置）。

（2）圆形填充：可以用于在两个或多个颜色之间，产生以同心圆的形式由对象中心向外辐射生成的渐变效果。选中要填充的对象，双击渐层工具，打开"编辑填充"对话框中选择"圆形填充"，设置类型"圆形填充"，再设置"节点位置"（根据使用者需要自行设置）。

（3）圆锥填充：可以用于在两个或多个颜色之间，模拟光线落在圆锥上的视觉效果，使平面图形表现出空间立体感。选中要填充的对象，双击渐层工具，打开"编辑填充"对话框中选择"圆锥填充"，设置类型"圆锥填充"，再设置"节点位置"（根据使用者需要自行设置）。

（4）矩形填充：可以用于在两个或多个颜色之间，产生以同心方形的形式从对象中心向外扩散的色彩渐变效果。选中要填充的对象，双击渐层工具，打开"编辑填充"对话框中选择"矩形填充"，设置类型"矩形填充"，再设置"节点位置"（根据使用者需要自行设置）。

5.8　图样填充

CorelDRAW X7 提供了预设图样填充，可以将预设图样填充到对象上，也可以用绘制的对象作为填充图样。

5.8.1　双色填充

使用"双色填充"可以为对象填充"前景颜色"和"后景颜色"两种颜色的图案样式。

绘制一个圆，将其选中，双击"渐层工具"打开"编辑填充"对话框，选择"双色图样填充"，单击"图样填充选择器"右侧的按钮选择一种图样，再分别单击"前景颜色"和"背景颜色"的下拉按钮进行颜色选取，最后单击"确定"按钮完成操作，双色填充页面如图 5-61 和案例图 5-62 所示。

5.8.2　全色填充

使用"全色填充"，可以把矢量花纹生成图案样式为对象进行填充，软件中包含多种全色

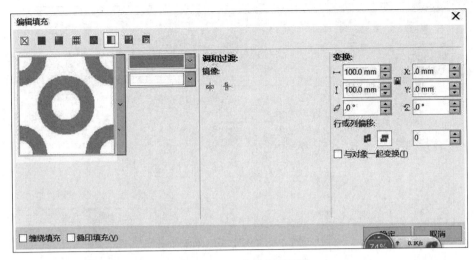

图 5-61　双色填充页面

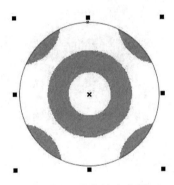

图 5-62　双色填充案例

填充的图案可供选择，也可以创建图案进行填充。

5.8.3　位图填充

使用"位图填充"，可以选择位图图样为对象进行填充，填充后的图像属性取决于位图的大小、分辨率和深度。绘制一个图形并将其选中，双击"渐层工具"打开"编辑填充"对话框中选择"位图填充"方式，单击"图样填充管理器"下拉按钮进行图样选择，最后单击"确定"按钮。

5.8.4　底纹填充

"底纹填充"是用随机生成的纹理来填充对象，使用"底纹填充"可以赋予对象自然的外观，CorelDRAW X7 为用户提供了多种可供选择的底纹样式，每种底纹都可通过"底纹填充"对话框进行相对应的属性设置。绘制一个图形并将其选中，双击"渐层工具"打开"编辑填充"对话框，选择"底纹填充"方式，单击"图样填充管理器"下拉按钮进行图样选择，最后单击"确定"按钮，底纹填充页面如图 5-63 和案例图 5-64 所示。

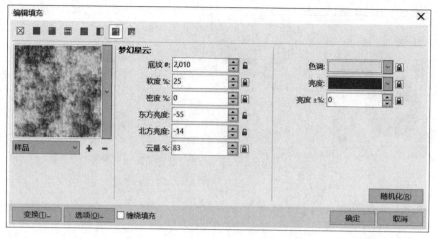

图 5-63　底纹填充页面

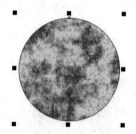

图 5-64　底纹填充案例

5.8.5　PostScript 填充

PostScript 是使用 PostScript 语音设计的特殊纹理来进行填充,有些底纹非常复杂,因此打印或屏幕显示包含 PostScript 底纹填充的对象时,等待时间可能较长,并且一些填充可能不会显示,而只能显示字母 ps。这种现象取决于对填充对象所应用的视图方式。绘制一个图形并将其选中,双击"渐层工具"打开"编辑填充"对话框中选择"PostScript 填充"方式,在底纹列表框中选择一种底纹,最后单击"确定"按钮。PostScript 填充页面如图 5-65 和案例图 5-66 所示。

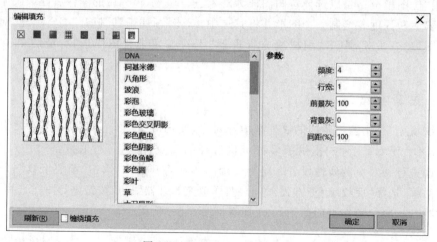

图 5-65　PostScript 填充页面

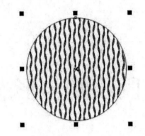

图 5-66   PostScript 填充案例

第 6 章

线段绘制与形态

线条是线段路径，由多条曲线或直线线段组成，线段通过节点连接，以小方块节点表示，使用者可以用线条进行各种形状的绘制。CorelDRAW X7 为用户提供了各种线条工具，用户通过这些工具可以绘制曲线和直线。

6.1 基本线条绘制

6.1.1 直线与折线

"手绘工具"具有很强的自主操作性，可以绘制直线和曲线，并且在绘制过程中自动将毛糙边缘进行修复，使绘制更自然。

单击工具箱中的"手绘工具"，在页面内空白处单击鼠标左键，紧接着移动光标到另外一点的位置，再单击鼠标左键形成一条线段，案例如图 6-1 所示。

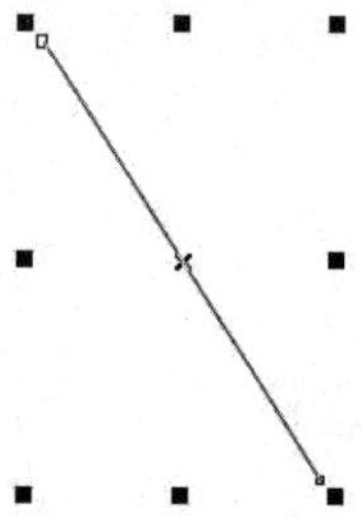

线段长短与用户鼠标落点位置相关，结尾端点较为随意，若需要绘制一条垂直或者平行线段，则按住 Shift 键即可快速建立。

以下为相关工具绘制直线的方法。

（1）贝塞尔工具：单击"手绘工具"图标，在页面内空白处单击，紧接着移动光标到另外一点的位置，再单击左键形成一条线段。

（2）钢笔工具：单击"手绘工具"图标，在页面内空白处单击，紧接着移动光标到另外一点的位置，再单击左键形成一条线段。

（3）折线工具：单击"手绘工具"图标，在页面内空白处单击，紧接着移动光标到另外一点的位置，再单击左键形成一条线段。

图 6-1　手绘案例

（4）智能绘图工具：智能绘图工具绘图方法与手绘工具相近，只是较之手绘工具，智能工具加入了形状识别功能和智能平滑功能。

单击"智能绘图"图标，属性栏中出现智能绘图工具栏。在属性栏中"智能识别等级"和"智能平滑等级"下拉列表选择智能处理等级。等级越高智能识别等级与智能平滑等级程度越高，智能识别等级对话框如图 6-2 和案例图 6-3 所示。

图 6-2　智能识别等级对话框

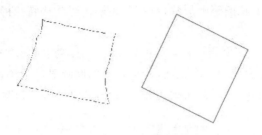

图 6-3 智能识别等级案例

6.1.2 曲线绘制

在工具箱中单击"手绘工具",在页面空白处长按鼠标左键进行拖曳绘制,松开鼠标形成曲线,案例如图 6-4 所示。

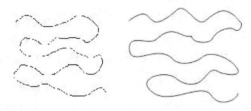

图 6-4 曲线绘制案例

以下为相关工具绘制曲线的方法:

(1) 贝塞尔工具:单击"手绘工具",在"手绘工具"工具栏中单击"贝塞尔工具"图标,在绘图区任意位置按下鼠标,此处出现曲线的起始点,并出现控制点及控制线,移动光标,控制线会随之偏转或伸缩。

(2) 钢笔工具:单击"手绘工具",在"手绘工具"工具栏中单击"钢笔工具"图标,在绘图区任意位置按下鼠标,此处出现曲线的起始点和控制点以及控制线,移动光标,控制线会随之偏转或伸缩。

(3) 智能绘图工具:单击"手绘工具",在"手绘工具"工具栏中单击"智能绘图工具",在绘图区任意位置按下鼠标,此处出现曲线的起始点和控制点以及控制线,移动光标,控制线会随之偏转或伸缩。

(4) B 样条工具:单击"手绘工具",在"手绘工具"工具栏中单击"B 样条工具"图标,使用控制点,可以轻松塑造曲线形状和绘制 B 样条。B 样条与第一个和最后一个控制点接触,并可以在两点之间拉动。但是,与贝塞尔取向上的点不同,要将曲线与其他绘图元素对齐时,控制点不能指定曲线穿过的点。

(5) 3 点曲线工具:单击"手绘工具",在"手绘工具"工具栏中单击"3 点曲线工具"图标,在绘图区任意位置按下鼠标,移动光标至另一点,释放鼠标。移动光标,屏幕上出现起始点,释放鼠标为终点。

6.1.3 艺术线条绘制

在 CorelDRAW X7 中,有一种独特的线条绘制模式——艺术线条绘制,可以绘制不同粗细的封闭线条和不同形状的笔触形状,且在其轮廓内可建构特殊的填充效果、预设效果填充等。

预设线条:单击"手绘工具"图标,在"手绘工具"工具栏中单击"艺术笔"图标,在绘图区任意位置按下鼠标,将光标拖动一段距离,光标移动的路径显示为黑色细实线,释放鼠标,黑色细线表示出原黑色粗实线的近似轮廓,艺术笔设置栏如图6-5和案例图6-6所示。

图6-5　艺术笔设置栏

此工具在绘制过程中显示出的黑色细线的范围与黑色实线的路径是一致,黑色细线与黑色实线轮廓的区别会受"笔触"影响。CorelDRAW X7中预设了不同的笔触造形,为用户提供不同的选择。当用"形状工具"或"手绘工具"选定为"艺术笔"开始绘制线条时,在属性栏中下拉列表设置艺术笔的手绘平滑度和笔触宽度。手绘平滑度可以直接在左侧的编辑框中填写数值,也可以单击编辑框右侧的黑色三角形按钮,拖动滑动条上的滑块,手绘平滑度为0~100,数值越小,线条显示出的实际状态更接近与鼠标绘制的黑色细线,数值越大,线条显示越平滑,数值设置如图6-7所示,线条样式对话框如图6-8所示。

图6-6　艺术笔案例

图6-7　数值设置

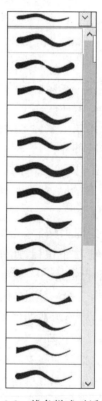

图6-8　线条样式对话框

泊坞窗:执行"窗口"→"泊坞窗"→"艺术笔"菜单命令,出现艺术笔泊坞窗,在绘图界面工作表,绘制线条后,单击泊坞窗线条下方下拉列表中的笔触。

6.1.4　画笔线条

画笔线条选择可以通过以下两种方法完成：

（1）工具箱：单击"手绘工具"图标，在"手绘工具"工具栏中单击"艺术笔"图标，激活艺术笔工具，如需属性栏变化，单击属性栏中的"笔刷"图标，如图 6-9 所示，在最右侧下拉列表中选择画笔样式，使用预设模式绘制线条。根据用户使用需求自行选择需要的笔刷样式，线条样式如图 6-10 所示。

图 6-9　艺术笔属性的画笔线条设置

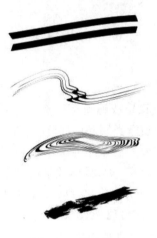

图 6-10　线条样式

（2）属性栏：单击"手绘工具"图标，在"手绘工具"工具栏中单击"艺术笔"图标，激活艺术笔工具，如需属性栏变化，单击属性栏中的"笔刷"图标。在最右侧下拉列表中选择画笔样式，使用预设模式绘制线条。根据用户使用需求自行选择需要笔刷样式。

6.1.5　喷罐线条

喷罐线条选择可以通过以下两种方法完成：

（1）工具箱：单击"手绘工具"图标，在"手绘工具"工具栏中单击"艺术笔"图标，激活艺术笔工具，属性栏随之出现变化，在下拉列表中选择喷罐的样式，在绘图区任意位置按下鼠标，拖动光标一段距离，光标移动的路径即为喷绘显示的路径。

（2）属性栏：单击"手绘工具"图标，在"手绘工具"工具栏中单击"艺术笔"图标，激活艺术笔工具，属性栏随之发生变化，在下拉列表中选择喷罐的样式，在绘图区任意位置按下鼠标，拖动光标一段距离，光标移动的路径即为喷绘显示的路径，如图 6-11 和图 6-12 所示。

图 6-11　艺术笔属性的喷罐线条设置

图 6-12　喷罐样式

喷罐线条可进行多种操作：

（1）第二栏中的编辑框用于设置要喷涂对象的大小，数值用于表示实际喷涂时的大小的百分比。单击"锁头"图标可以锁定或解锁对象的纵横比。

（2）第三栏第四栏用于选择喷灌类别和图样，使用方法和画笔线条的使用方法相同。

（3）第五栏用于设置喷罐时使用的基本对象的排列顺序和方式，在下拉列表中选择排列顺序，包括"随机""顺序""按方向"三种，具体效果请读者体验。当更改排列顺序后"喷涂列表选项"按钮将处于激活状态，单击此按钮，可将当前选择的效果添加到预设方案中。

（4）单击"喷涂列表选项"按钮，出现"创建播放列表"对话框，在其中可以选择构成喷灌效果的基本对象的组合方式，如图 6-13 所示。

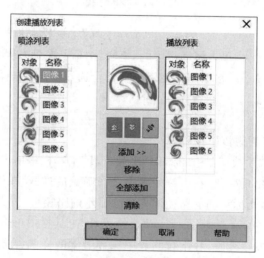

图 6-13　喷涂列表设置页面

（5）属性栏第七栏用于设置喷罐时使用的小块颜料间距，"每个图像中的图像数和图像间距"图标后编辑框中的数值越大、喷罐时使用的基本对象看起来越复杂，则叠加的层次更多，使用的基本对象之间的间距越大。

（6）单击"旋转"图标，出现"旋转"操作界面，在此操作界面可以将喷罐的基本对象进行旋转，旋转设置对话框如图 6-14 所示。

（7）单击"偏移"图标，出现"偏移"操作界面，也是针对喷罐基本对象的操作，偏移设置对话框如图 6-15 所示。

图 6-14　旋转设置对话框

图 6-15　偏移设置对话框

（8）单击"随对象一起缩放笔触"图标，缩放时为喷涂线条宽度应用变换。

6.1.6　书法线条与压力线条

书法线条可以通过以下两种方法完成：

（1）工具栏：使用工具栏激活艺术笔工具，单击属性栏中的"书法"按钮，属性栏改变，在绘图区任意位置按下鼠标，拖动光标一段距离，光标移动的路径即为书法线条显示的路径，书法线条设置属性栏如图 6-16 和案例图 6-17 所示。

图 6-16　书法线条设置属性栏

图 6-17　书法线条案例

（2）属性栏：属性栏中第二栏中的编辑用于设置手绘平滑度。激活艺术笔工具，属性栏改变，在绘图区任意位置按下鼠标，拖动光标一段距离，光标移动的路径即为书法线条显示的路径。第三栏用于设定笔画的宽度，最后一个编辑框用于设定书法线条结束位置的笔触角度。

压力线条可以通过以下两种方法完成：

（1）工具箱：使用工具箱激活艺术笔工具，单击属性栏中的"压力"按钮，属性栏改变，在绘图区任意位置按下鼠标，拖动光标一段距离，光标移动的路径即为压力线条显示的路径，压力线条设置属性栏如图 6-18 和案例图 6-19 所示。

图 6-18　压力线条设置属性栏

图 6-19　压力线条案例

（2）属性栏：属性栏第二栏中的编辑用于设置手绘平滑度，激活艺术笔工具，属性栏改变，在绘图区任意位置按下鼠标，拖动光标一段距离，光标移动的路径即为压力线条显示的路径。第三栏用于设定画笔的宽度。

6.2　节点与线条形态

6.2.1　移动节点

选定绘制完需要编辑的线条后，单击"形状工具"按钮，出现"形状工具"，在工具栏中单击"形状"图标，所选线条的节点、控制点、控制线全部显示出来。光标移动到要编辑的节点，单击鼠标，拖动节点到所需位置后释放鼠标，所选节点将移动到释放鼠标时光标停放的位置，线条形状通过不同节点相对位置的改变而发生变化。

6.2.2　添加和删除节点

在绘图界面绘制完成后，通常情况下还需要进行一定程度上更为精确的调整，以达到所需造形的效果。

在使用"贝塞尔工具"进行编辑时，为了使编辑更加精确，在调整时会增加和删除节点。

添加和删除节点可以通过以下四种方法完成：

（1）选中线条上要加入节点的位置，在属性栏上单击"转换为曲线"按钮，单击"形状工具"，进行添加节点，单击"删除节点"按钮，可以删除节点，案例如图 6-20 所示。

（2）选中线条上要加入节点的位置，右击，在快捷菜单中执行"转换为曲线"命令，单击"形状工具"，进行添加节点，执行"删除"命令即可删除节点，设置页面如图 6-21 所示。

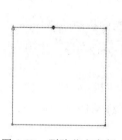

图 6-20　删除节点案例

图 6-21　设置页面

（3）在需要增加节点处，双击鼠标添加节点，双击已有节点进行删除节点。

（4）选中线条上的节点位置，按"+"键可以添加节点，按"-"可以删除节点。

6.2.3　连接与拆分曲线

链接与拆分曲线可以通过以下两种方法完成：

（1）属性栏：连接节点，先用"形状工具"选定两个要连接的节点，单击"连接节点"图标，选定的两个端点互相靠拢，连接在一起。分割曲线时，先用"形状工具"选定要分割的位置，单击"拆分节点"图标，曲线被分割为两段，此时可拖动其中一段查看效果，案例如图 6-22～图 6-24 所示。

图 6-22　连接与拆分曲线　　　图 6-23　连接与拆分曲线　　　图 6-24　连接与拆分曲线
案例（1）　　　　　　　　　　案例（2）　　　　　　　　　　案例（3）

（2）右键菜单：用"形状工具"选定要连接的点或要拆分的位置，右击，在右键菜单中，执行"连接"或"拆分"命令。

6.2.4　曲线直线互转

曲线直线互转可以通过以下两种方法完成：

（1）属性栏：用"形状工具"选定曲线上的一个点或多个节点，单击"到直线"图标完成曲线到直线的转换，单击"到曲线"图标完成直线到曲线的转换，案例如图 6-25 所示。

（2）右键菜单：用"形状工具"选定曲线上的一个或多个点，右击，在右键菜单中，执行"到直线"或"到曲线"命令，案例如图 6-26 所示。

图 6-25　曲线直线互转案例（1）　　　　　　图 6-26　曲线直线互转案例（2）

6.2.5　节点属性

节点分为三种类型，有尖突节点、平滑节点和对称节点。编辑曲线的过程中，转换节点的属性能够更好地为曲线造形。同时，也可以直接通过曲线与曲线的相互转换来控制曲线的形状。

1. 尖突节点

尖突节点可以通过以下三种方法完成：

（1）属性栏：用"形状工具"选定曲线上的一个点或多个点，单击"尖突"图标，完成节点尖突节点的操作。"节点尖突"和"节点平滑"是节点的两种对应状态，"节点对称"指的是节点控制线对称,而不是创建新的节点。

(2)右键菜单:用"形状工具"选定要编辑形态的节点,右击,在右键菜单中,执行"尖突"命令。

使用"圆形工具"绘制一个圆,并按快捷键 Ctrl+Q 将对象转换为曲线,使用"形状工具"选取其中一个节点,在属性栏中单击"尖突节点"按钮,拖曳其中一个控制点。

将节点转换为尖突节点后,尖突节点两段的控制手柄成为相对独立的状态。移动其中的一个控制手柄的位置时,不会影响另一个控制手柄。

(3)快捷键:节点尖突与节点平滑互相转换:用形状工具选定要编辑的节点,快捷键为 C;

节点对称:用形状工具选定要编辑的节点,快捷键为 S。

2. 平滑节点

平滑节点可以通过以下两种方法完成:

(1)属性栏:用"形状工具"选定曲线上的一个点或多个点,单击"平滑"图标,完成节点尖突节点的操作。

(2)右键菜单:用"形状工具"选定要编辑形态的节点,右击,在右键菜单中,执行"平滑"命令。

平滑节点两边的控制点相互联系,移动其中一个控制点时,另一个控制点也会随之移动,并且会产生平滑过渡的曲线。曲线上新增的节点默认为平滑节点,要将尖突节点转换为平滑节点,只需要在选取节点后,单击属性栏里的平滑节点按钮即可。

3. 对称节点

对称节点可以通过以下两种方法完成:

(1)属性栏:用"形状工具"选定曲线上的一个点或多个点,单击"对称"图标,完成对称节点的操作。

(2)右键菜单:用"形状工具"选定要编辑形态的节点,右击,在右键菜单中,执行"对称"命令。

对称节点是指在平滑节点特征的基础上,使各个控制线的长度相等,从而使平滑节点两边的曲线率也相等,再使用"贝塞尔工具"将节点转换为对称节点。

执行"贝塞尔工具"在工作区中绘制一条线段,使用"形状工具"选取一个节点,单击"转换为曲线"按钮,再双击曲线的中间位置,添加一个新的节点并向下拖曳,接着单击属性栏中的"对称节点"按钮,将该节点转换为对称节点,拖曳节点两端的控制点。

6.2.6　旋转与倾斜节点连线

属性栏:用"形状工具"选定曲线上节点,单击"旋转与倾斜节点"图标,选定的节点周围出现与对象旋转相同的控制点。使用鼠标拖动控制点,可使选定节点与其两侧相邻节点间的曲线段达到与对象旋转或倾斜操作相同的效果,案例如图 6-27 所示。

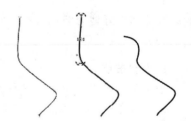

图 6-27　旋转与倾斜节点连线案例

6.2.7 节点对齐

属性栏：用"形状工具"选定曲线上两个或两个以上节点，单击"对齐节点"，出现"对齐节点"，单击"水平对齐""垂直对齐""对齐控制点"前端的复选框，选择对齐种类（可以同时选择一种或多种对齐方式），单击"确定"按钮，被选定的节点将以最后选择的节点为基础对齐，案例如图 6-28 所示。

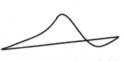

图 6-28 对齐节点案例

6.2.8 节点反射

节点反射是作用于编辑节点的一种特殊模式，在节点反射模式下，拖动某一个选定的节点，其他选定的节点会按照指定的反射方向（水平或垂直）进行反方向移动。

属性栏：选择两个或两个以上节点，"水平反射节点"和"垂直反射节点"图标处于激活状态，单击两个图标其中之一（或两者都选定）使其处于选定状态，拖动某一选定的点，其他节点会在水平或垂直方向上（或水平和垂直方向）向相反的位置移动。

6.3 对象切割

"刻刀工具"可以将对象边缘沿直线、曲线绘制拆分为两个独立的对象。

6.3.1 直线拆分对象

选中对象，单击工具箱中的"刻刀工具"，当光标变为刻刀形状时，移动在对象轮廓线上单击，将光标移动到另一边，会出现一条实线供使用者预览。

单击确认后，绘制的切割线变为轮廓属性，拆分为对立对象可以分别移动拆分后的对象，案例如图 6-29 所示。

图 6-29 直线拆分案例

6.3.2 曲线拆分对象

选中对象，单击工具箱中的"刻刀工具"，当光标变为刻刀形状时，移动到对象轮廓线上单击，将光标根据所需要弧线移动到另一边，会出现一条实线供使用者预览。

单击确认后，绘制的切割线变为轮廓属性，拆分为对立对象可以分别移动与拆分，案例如图 6-30 所示。

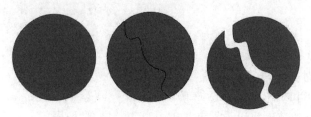

图 6-30　曲线拆分案例

Chapter 1

第 **7** 章

文本编辑应用

7.1 文本基础编辑

7.1.1 添加文字、段落文本

在 CorelDRAW X7 中,可建立美术文本和段落文本两种类型的文本。

工具箱:创建美术字文本时,单击"文本工具"图标,激活文本工具,在绘图工作界面内任意位置单击,输入文字内容,输入完毕后单击绘图界面其他区域或选择其他命令都可结束文本输入。创建段落文本,只需单击"文本工具"图标,在绘图工作界面内任意位置单击鼠标,按住鼠标拖曳到其他位置,释放鼠标后绘图界面里会出现按住鼠标时和释放鼠标位置的点为对顶点的段落文本框,在文本框内输入文字。文字的位置会随着文本框位置的改变而改变,超过文本框的文字会被文本框限制屏蔽,案例如图 7-1 所示。

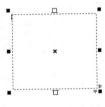

图 7-1　文字案例

7.1.2 转换文本

转换文本可以通过以下两种方法完成:

(1) 工具箱:当选定的当前文本为美术字文本时,执行"文本"→"转换到段落文本框"菜单命令可将美术字转换为段落文本。当选定的当前文本为段落文本时,执行"文本"→"转换到美术字"菜单命令可以使段落文本转换为美术字。

(2) 快捷键:Ctrl+F8。

7.1.3 文本编辑

工具箱:单击"文本工具"图标或者单击"选择工具"后再双击文本激活文本工具。单击输入文本,需要二次编辑的位置会出现光标,用户根据需要自行对文本进行编辑即可。

7.1.4 导入外部文件与贴入文本

贴入文本:按 Ctrl+C 键复制需要贴入的文本,切换软件为 CorelDRAW X7,单击"文本工具"图标,在绘图界面上左击进行拖曳,创建一个段落文本框,再利用 Ctrl+V 键进行粘贴,出现"导入/粘贴文本"对话框,用户根据需要自行选择需要复选项进行操作。"导入/粘贴文本"对话框如图 7-2 所示。

"导入/粘贴文本"对话框内容如下：

（1）保持字体和格式：保持字体和格式可以使粘贴的文字导入之后保留原来的字体类型、大小、粗细、颜色等格式等信息。

（2）仅保持格式：只保留原文字的粗体、斜体、项目符号等格式信息。

（3）摒弃字体和格式：只粘贴文字信息，其余为对话框默认设置。

（4）将表格导入为：从下拉列表中可选择导入形式——表格或文本。

（5）不再显示该警告：选择此复选框后，进行下次编辑时不会出现此对话框，直接进行默认粘贴。

导入文本：执行"文件"→"导入"菜单命令，在"导入"对话框中选择所需文本文件进行导入即可。

7.1.5　在对象中输入文字信息

CorelDRAW X7为用户提供了可以将文本输入到自定义区域的方法。

绘制完成图形对象后，单击"选择工具"图标，移动至对象轮廓边缘处，当光标改变时单击左键，图像内部将出现契合图像边缘的文本框，输入文字即可，案例如图7-3所示。

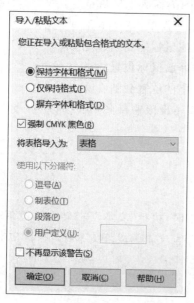

图7-2　"导入/粘贴文本"对话框

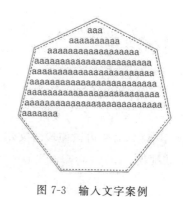

图7-3　输入文字案例

7.2　书写工具

7.2.1　选择全部文本

选择全部文本的操作方法与选择图像对象相似，使用"选择工具"，单击文本对象，对象中的所有文字都会被选中。

7.2.2 选择部分文本

在编辑文本对象时,如果只需要对一个对象内的部分文字进行编辑,单击"选择工具",在需要修改处单击出现光标即可进行编辑。选择"文本工具",在第一个字符上单击鼠标,拖曳鼠标直至最后一个字符,松开鼠标即可选择此文字进行编辑。

7.3 设置美术字和文本段落

在影视实际创作中,对文字的编辑往往不能只局限于默认文字编辑,对文字审美也有更高的要求,这就需要了解文本的基本属性及其设置,包括文字的字体、字体大小、颜色、间距及字符效果等。

7.3.1 设置字体、字号及颜色

字体设置:单击"文本工具",单击所需要输入文字部分,在图片对象上输入文本,如图 7-4 和图 7-5 所示。

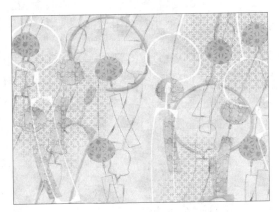

图 7-4 图片

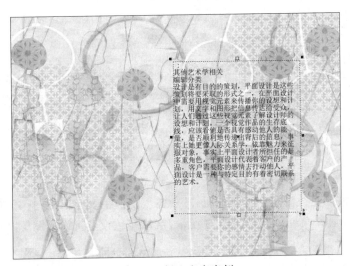

图 7-5 插入文字案例

更改字体：单击"选择工具"，选中输入的文字对象，在属性栏"字体列表"下拉列表中选择合适的字体，案例如图 7-6 所示。

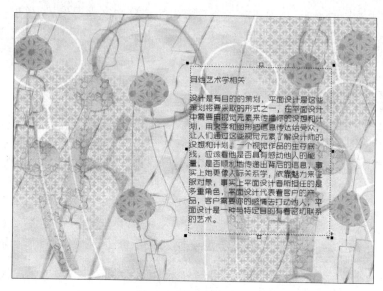

图 7-6　更改字体案例

更改大小：需要更改对象字体大小时，选中需要更改的文字对象，在属性栏"字体大小"下拉列表中选中合适的字体号数，案例如图 7-7 所示，字体大小设置对话框如图 7-8 所示。

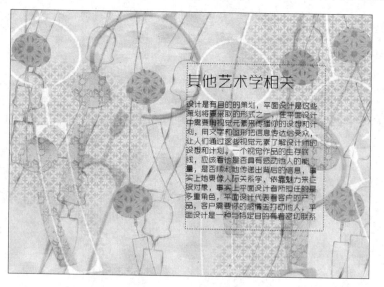

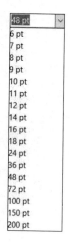

图 7-7　更改大小案例

图 7-8　字体大小设置
　　　　对话框图

更改颜色：需要更改对象字体颜色时，选中需要更改的文字对象，打开"编辑填充"对话框，为字体选择合适的颜色，案例如图 7-9 所示，字体颜色设置页面如图 7-10 所示。

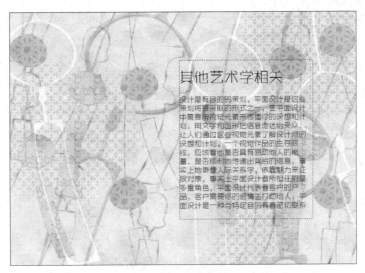

图 7-9　更改颜色案例

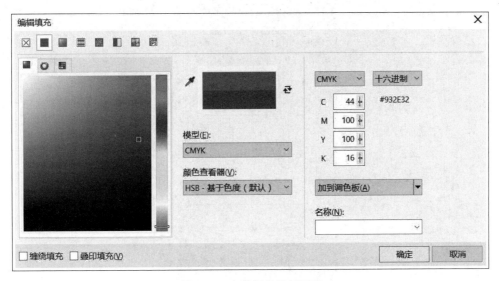

图 7-10　字体颜色设置页面

7.3.2　文本对齐格式设置

通过"文本属性"面板下拉选项的"段落"设置,可以设置段落文字在水平和垂直方向上的对齐方式。

选中需要更改的文本对象,执行"文本"→"文本属性"菜单命令,在"文本属性"面板中展开"段落"。单击"段落"选项第一排中相对应的对齐按钮,可以选择水平方向与段落文本框为文本进行对齐。用来调整文本对齐效果的方式分别有"水平对齐""左对齐""两端对齐""强制两端对齐"等效果。案例如图 7-11 所示,文本属性设置对话框图 7-12 所示(为水平对齐效果图)。

7.3.3　字符间距设置

单击"文本工具",在绘图界面中单击鼠标左键创建文字对话框,输入文字并将其选中,

图 7-11　文字属性案例

图 7-12　文本属性设置对话框

选择"形状工具",单击文本右侧底部控制符号,向右拖曳进行调整,最后释放鼠标即可调整文字文本的字间距。单击文本左侧底部的控制符号,拖曳向下进行调整文字的行间距,案例如图 7-13 所示。

精确调整:使用"形状工具"只能大致调整文字文本间距,需要精确的文本间距,就需要使用以下方法(如图 7-14 所示)。

选择需要调整的文本对象,执行"文本"→"文本属性"菜单命令,在"文本属性"对话框展

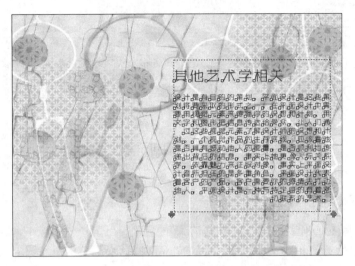

图 7-13 字间距设置案例

开"段落"选项，在"段落行距"数值框中输入需要的行距值，即可精确更改行间距，如图 7-14
所示。

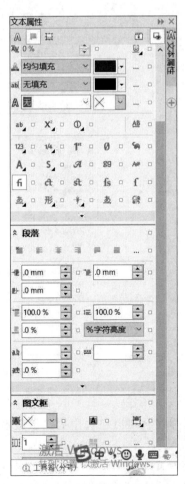

图 7-14 段落设置对话框

7.3.4 转换文字方向

选择"文本工具",插入光标到文本中,选中文本内容,执行"文本"→"文本属性",选择"字符",即可对文字的旋转角度或排列为水平、垂直方向进行自定义设置。

7.3.5 字符效果

使用 CorelDraw X7 可以为需要的文字添加相应的字符效果。

执行"文本"→"文本属性"菜单命令,出现"文本属性"对话框,展开"字符",即可进行自定义设置,如图 7-15 所示。

文本属性设置对话框内容如下:

(1)脚本:脚本选项中选择需要限制的文本类型。当选择"拉丁文"时,面板中的各选项设置只对选中的英文和数字起作用;当选择"亚洲"时,面板中的设置只对文字文本中的中文起作用。默认情况下的"所有脚本",可以对选中的所有文字文本起作用。

(2)字体列表:在此选项的下拉列表中,可以根据需求选择不同的字体样式,字体样式列表对话框如图 7-16 所示。

图 7-15 字符设置对话框

图 7-16 字体样式列表对话框

文本设置介绍:

(1)下画线:单击"下画线"按钮,可以在选中的文字文本底部添加"下画线"按钮下拉选项中的一种下画线样式。

(2)粗体、斜体:选择需要设置的文字文本,单击属性栏中的"粗体"图标,选定的文字文本在粗体与普通之间切换;单击属性栏中的"斜体"图标,选定的文字文本在斜体与正体之间切换。

（3）泊坞窗：执行"文本"→"字符格式化"菜单命令，出现"字符格式化"泊坞窗，选中需要设置的文字文本，在第二个下拉列表中根据需要选择"常规""常规斜体""粗体""粗体斜体"进行设置。

（4）字体大小：选中需要更改的文字文本，单击后面黑色三角形按钮。也可以当光标变换时，按住鼠标进行拖曳。

（5）字距调整：要扩大或缩小字体之间的间距，可选中需要进行调整的文字文本，单击后面黑色三角形按钮。也可以当光标变换时，按住鼠标进行拖曳。

（6）快捷键：粗体快捷键为 Ctrl＋B，斜体快捷键为 Ctrl＋I。

（7）填充类型：可以对选中的文字文本进行颜色填充。

（8）填充设置：此选项可用于对文字文本进行更为详细的设置，单击按钮就会出现相应的对话框，即可进行自定义。

（9）背景填充类型：可用于字符背景的填充。

（10）填充设置：此选项可用于对填充文字或填充图形进行更为详细的设置。单击"填充"按钮，出现相应对话框，即可进行自定义，填充设置页面如图 7-17 所示。

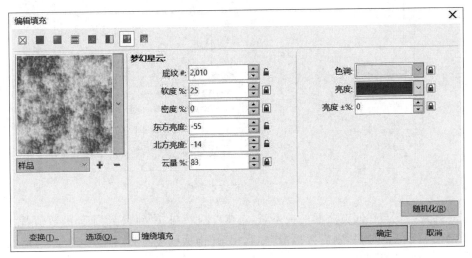

图 7-17 填充设置页面

（11）轮廓宽度：此选项的下拉列表中，可选择不同的系统预设宽度值，作为文本字符的轮廓宽度，或者直接在此选项框中输入数值进行设置。

（12）轮廓颜色：此选项的颜色挑选器中，可选择不同的颜色，作为所选字符的轮廓填充颜色，或者单击"更多"按钮，出现"选择颜色"对话框，在此对话框中选择需要的颜色。轮廓颜色设置页面如图 7-18 所示。

（13）轮廓设置：单击此按钮，打开"轮廓笔"对话框，即可进行自定设置。

（14）大写字母：选中需要修改的文字文本，可以更改字

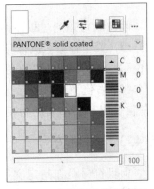

图 7-18 轮廓颜色设置页面

母或英文文本中的大小字母。

(15)位置：选中需要修改的文字文本，即可修改选中字符相对于周围字符的位置。

7.4　文本效果

7.4.1　文本分栏

菜单命令：选中需要编辑的文字文本，执行"文本"→"栏"菜单命令，出现"栏设置"对话框。在"栏数"编辑框内填入所需分栏数。采用默认的各栏宽度相等时，文字文本的宽度及分栏数，将根据系统计算各栏宽度和栏间宽度，栏设置页面如图7-19所示。

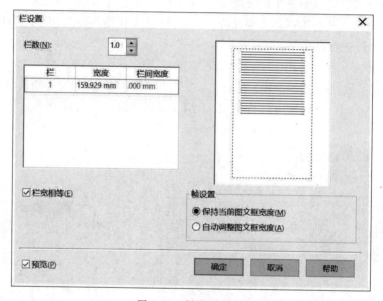

图 7-19　栏设置页面

需要调整栏宽与栏间宽之间的关系时，单击"宽度"与"栏间宽度"下面的数值，输入所需数值。创建不等宽的分栏，则需要单击"栏宽相等"前面的复选框，使其处于非选定状态，再在编辑框内设置各栏宽即可。

7.4.2　制表位

制位表可以通过以下两种方法完成：

(1)菜单命令：执行"选择工具"或"文本工具"选择需要编辑的文本，执行"文本"→"制表位"菜单命令，出现"制表位设置"对话框，标尺上也会同时出现制表位的标志。

(2)右键菜单：光标移动到标尺处后右击，在右键菜单中，执行"左制表位""中制表位""右制表位"或"小数点制表位"完成命令制表位设置，制表位设置页面如图7-20所示。

7.4.3　项目符号

项目符号是在指定文字文本中每个段落开头位置前起提示作用的符号，运用方法有以下两种：

图 7-20　制表位设置页面

（1）菜单命令：执行"选择工具"或"文本工具"选择需要编辑的文本，执行"文本"→"项目符号"菜单命令，出现"项目符号"对话框，选定"使用项目符号"复选框，激活"外观"栏。在其中选择符号的样式，设置符号大小和基线位移。在"间距"栏的编辑框中设定文本图文框到项目符号的距离和项目符号到文本的距离，项目符号页面如图 7-21 所示。

图 7-21　项目符号页面

（2）属性栏：执行"选择工具"或"文本工具"选定文本，单击属性栏中的"项目符号列表"图标，切换是否显示项目符号。

7.4.4　首字下沉

为吸引注意力，常将文章开头的部分首字下沉，使位于段首的第一个字字号变大，在文章中占据几行的位置，左侧和上侧与原文本对齐，呈现"下沉"效果，其有两种运用方法：

（1）菜单命令：单击"选择工具"或"文本工具"选定文本，执行"文本"→"首字下沉"菜单命令，出现"首字下沉"对话框，选定"使用首字下沉"复选框，激活"外观"栏，在编辑框中设置下沉行数及首字下沉后的空格。

（2）属性栏：单击"选择工具"或"文本工具"选定文本，单击属性栏中的"首字下沉"图标，选择是否需要首字下沉。

7.4.5 衔接段落文本框

如果在文本框中导入的文字过多，超出绘图文本框的部分将不能被显示，文本框下方将出现等号底下带有箭头的标记，说明文字没有完全显示，可将没有显示出的文字链接到其他文本框中进行相互关联。经过链接后的文本可以被结合到一起，当前方文本框中的内容增加或减少时相应的文本框也会随之增减。

单击"选择工具"选择文字文本，将光标移动至文字文本下方等号底下带有箭头的标记控制点上，鼠标指针改变，单击，光标改变，在绘图界面空白处拖曳出一个文本框，此时没有完全显示出的剩余文字将出现在新创建的链接文本框中。

7.5 排版规则

7.5.1 断行规则

菜单命令：执行"选择工具"或"文本工具"选定文本，执行"文本"→"断行规则"菜单命令，出现"亚洲断行规则"对话框，在其中进行设定断行规则，设定完成选中"预览"并单击"确定"按钮即可查看效果。亚洲断行规则设置页面如图 7-22 所示。

7.5.2 断字规则

断字规则指字母拼成的单词在换行时的处理规则，其有以下两种使用方法：

（1）菜单命令：执行"文本"→"断字设置"菜单命令，出现"断字"对话框，选中"自动连接段落文本"复选框，然后可选择是否使用大写单词分隔符、是否使用全部大写分隔单词。

（2）菜单命令：执行"选择工具"或"文本工具"选定文本，执行"文本"→"使用断字"菜单命令，开启断字功能，断字设置页面如图 7-23 所示。

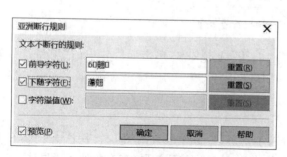

图 7-22　亚洲断行规则设置页面

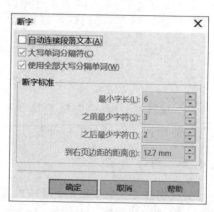

图 7-23　断字设置页面

7.6 文本特效

7.6.1 文本适合路径

　　菜单命令：选中需要添加文本的图像，在任意位置创建文本，使用绘图工具绘制曲线或图形对象作为路径，执行"选择工具"或"文本工具"选定要设置路径的文本，执行"文本"→"使文本适合路径"菜单命令，单击作为路径的曲线对象，文本以蓝色虚线显示，移动鼠标，文本随之移动，当文字移动到合适的位置时，单击鼠标即可。

7.6.2 对齐基线

　　把某些需要移动位置或沿路径分布的文字、字符还原位置时，使用"对齐基线"或"矫正文本"操作，其有以下两种使用方法：

　　(1) 菜单命令：执行"选择工具"或"文本工具"选定文本，执行"文本"→"对齐基线"菜单命令。

　　(2) 快捷键：Alt＋F12。

7.6.3 矫正文本

　　菜单命令：执行"选择工具"或"文本工具"选定文本，执行"文本"→"矫正文本"菜单命令。

第 8 章

滤 镜 特 效

8.1 添加和删除滤镜效果

添加滤镜可以使位图画面更丰富,不同的滤镜效果按分类形式整合在一起,恰当使用这些效果,让图形产生不一样的效果。

添加滤镜效果:选中位图图像后,执行"位图"菜单,在下拉列表中选择滤镜组,再选择需要的滤镜效果,即可设置滤镜效果,如图 8-1 所示。

图 8-1 位图对话框

CorelDRAW X7 中的滤镜效果都提供了滤镜参数设置对话框,在选择滤镜后打开对话框可自行进行设置,设置完成后,单击"确定"按钮可得到效果图。

删除滤镜效果：在对图形应用滤镜效果后一样可以还原操作，即将图像还原到应用滤镜效果前。执行"编辑"→"撤销"菜单命令，或按快捷键 Ctrl＋Z，即可还原图像。编辑对话框如图 8-2 所示。

图 8-2 编辑对话框

8.2 滤镜效果

CorelDRAW X7 提供了不同的滤镜效果，包括三维效果、艺术笔效果、模糊效果、自定义效果、扭曲效果、杂点效果、鲜明化效果、底纹效果、相机效果、颜色转换效果、轮廓图效果、创造性效果等。

8.2.1 三维效果

三维效果滤镜可以对位图添加三维特殊效果，使图像具有空间和深度效果。三维效果的操作命令具有"三维旋转""柱面""浮雕""卷页""透视""挤远/挤近"和"球面"，三维效果对话框如图 8-3 所示。

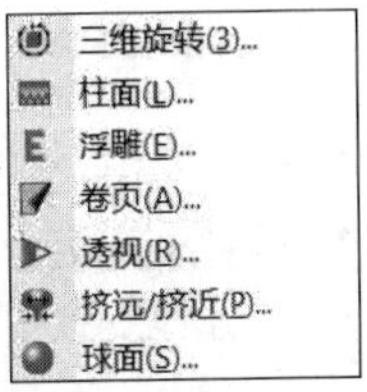

1. 三维旋转

鼠标拖动出现三维模型效果，为图像添加旋转的三维效果。

选中位图图像，执行"位图""三维效果"菜单命令，在"三维旋转"对话框，使用鼠标左键拖动三维效果即出现预览效果，单击

图 8-3 三维效果对话框

"确定"按钮完成操作,案例如图 8-4 所示。

图 8-4　三维旋转案例

三种设置方式介绍:

- 垂直:设置对象在垂直方向上的旋转方向。
- 水平:设置对象在水平方向上的旋转方向。
- 最适合:使位图经过变形后适应于图框。

2. 柱面

以圆柱体表面贴图为基础,增加三维效果。

选中位图图像,执行"位图"→"三维效果"→"柱面"菜单命令,出现"柱面"对话框,选择"柱面模式",调整拉伸的百分比,单击"确定"按钮完成操作,案例如图 8-5 所示。

图 8-5　柱面案例

三种设置方式介绍:

- 水平:沿水平柱面产生缠绕效果。
- 垂直的:沿垂直柱面产生缠绕效果。
- 百分比:设置柱面凹凸的强度。

3. 浮雕

为图像添加凹凸效果，形成浮雕图案。选中位图图像，执行"位图"→"三维效果"→"浮雕"菜单命令，出现"浮雕"对话框，调整"深度""层次"和"方向"，选择浮雕的颜色，单击"确定"按钮完成操作，案例如图 8-6 所示。

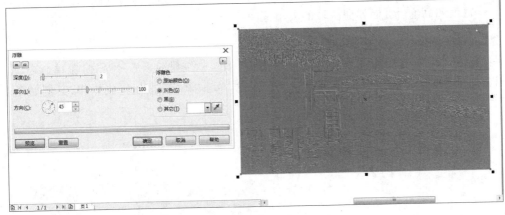

图 8-6　浮雕案例

四种设置方式介绍：

- 深度：浮雕效果中凸起区域的深度。
- 层次：浮雕效果的背景颜色深度。
- 方向：浮雕效果采光的角度。
- 浮雕色：创建浮雕使用的颜色设置为原始颜色、灰色等其他颜色。

4. 卷页

可形成卷页效果。选中位图，执行"位图"→"三维效果"→"卷页"菜单命令，出现"卷页"对话框，选择卷页方向，选择"定向""纸张""颜色"，调整卷页"宽度"和"高度"，单击"确定"按钮完成操作，案例如图 8-7 所示。

图 8-7　卷页案例

五种设置方式介绍：

- 按钮：对话框左侧 4 个按钮，用于选择页面卷曲的图像边角。
- 定向：页面卷曲的方向设置为"垂直"或"水平"方向。
- 纸张：纸张上卷曲的区域设置为透明或不透明效果。
- 颜色：选择页面卷曲时，选择纸张背面卷曲部分、抛光效果、背面颜色。
- 宽度和高度：页面卷曲区域的大小范围。

5. 透视

鼠标移动增加透视效果。选中位图，执行"位图"→"三维效果"→"透视"菜单命令，出现"透视"对话框，选择透视类型，单击鼠标进行拖曳，单击"确定"按钮完成操作，案例如图 8-8 所示。

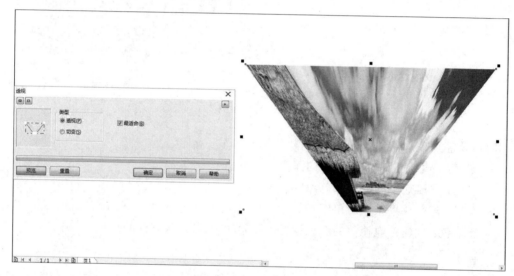

图 8-8　透视案例

两种设置方式介绍：

- 类型：设置不同三维透视或变形效果。
- 最适合：变形后位图适应于图框。

6. 挤远/挤近

球面透视为基础添加向内向外效果。选中位图，执行"位图"→"三维效果"→"挤远/挤近"菜单命令，出现"挤远/挤近"对话框，调整挤压类型，单击"确定"按钮完成操作，案例如图 8-9 所示。

设置方式介绍：

- 挤远/挤近：拖曳滑块，设置挤远/挤近强度效果。

7. 球面

添加球面透视效果。选中位图，执行"位图"→"三维效果"→"球面"菜单命令，出现"球面"对话框，选择"优化"类型，调整百分比，单击"确定"按钮完成操作，案例如图 8-10 所示。

两种设置方式介绍：

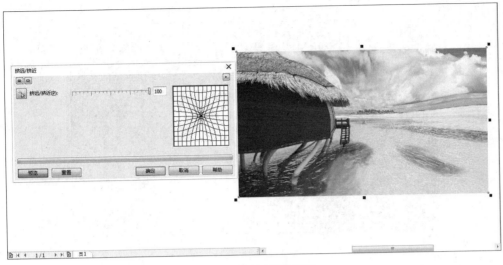

图 8-9 挤远/挤近案例

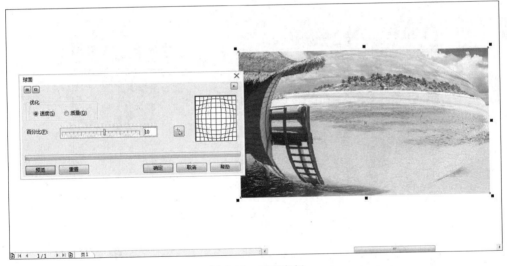

图 8-10 球面案例

- 优化：根据对象选择"速度"或"质量"。
- 百分比：柱面凹凸的强度。

8.2.2 艺术笔效果

"艺术笔"用于将位图进行绘画风格的转换，"艺术笔"的操作命令有"炭笔画"（案例见图 8-11）、"单色蜡笔画"（案例见图 8-12）、"蜡笔画"（案例见图 8-13）、"立体派"（案例见图 8-14）、"印象派"（案例见图 8-15）、"调色刀"（案例见图 8-16）、"彩色蜡笔画"（案例见图 8-17）、"钢笔画"（案例见图 8-18）、"点彩派"（案例见图 8-19）、"木板画"（案例见图 8-20）、"素描"（案例见图 8-21）、"水彩画"（案例见图 8-22）、"水印画"（案例见图 8-23）、"波纹纸画"（案例见图 8-24）等 14 种类型的效果表现。

图 8-11　炭笔画案例

图 8-12　单色蜡笔案例

图 8-13　蜡笔画案例

图 8-14　立体派案例

图 8-15　印象派案例

图 8-16　调色刀案例

图 8-17　彩色蜡笔画案例

图 8-18　钢笔画案例

图 8-19　点彩派案例

图 8-20 木板画案例

图 8-21 素描案例

图 8-22 水彩画案例

图 8-23   水印画案例

图 8-24   波纹纸案例

8.2.3   模糊效果

　　"模糊效果"是指为用户在进行操作时对图像进行添加特殊光照效果，"模糊效果"（原图见图 8-25）的操作命令有"定向平滑"（案例见图 8-26）、"高斯式模糊"（案例见图 8-27）、"锯齿状模糊"（案例见图 8-28）、"低通滤波器"（案例见图 8-29）、"动态模糊"（案例见图 8-30）、"放射式模糊"（案例见图 8-31）、"平滑"（案例见图 8-32）、"柔和"（案例见图 8-33）、"缩放"（案例见图 8-34）、"智能模糊"（案例见图 8-35）等 10 种相应的效果表现。

图 8-25   模糊效果原图

图 8-26　定向平滑案例

图 8-27　高斯式模糊案例

图 8-28　锯齿状模糊案例

图 8-29　低通滤波器案例

图 8-30　动态模糊案例

图 8-31　放射式模糊案例

图 8-32　平滑案例

图 8-33　柔和案例

图 8-34 缩放案例

图 8-35 智能模糊案例

8.2.4 自定义效果

"自定义"效果可以给位图对象添加画笔效果,"自定义"效果的操作命令有"Alchemy"和"凹凸贴图"两种,相应的效果如图 8-36～图 8-38 所示。

图 8-36 自定义效果原图

8.2.5 扭曲效果

"扭曲"效果可以使位图对象产生变形扭曲的效果。"扭曲"效果(原图见图 8-39)的操作命令有"块状"(案例图 8-40)、"置换"(案例见图 8-41)、"网孔扭曲"(案例见图 8-42)、"偏移"

图 8-37　Alchemy 案例

图 8-38　凹凸贴图案例

（案例见图 8-43）、"像素"（案例见图 8-44）、"底纹"（案例见图 8-45）、"漩涡"（案例见图 8-46）、
"平铺"（案例见图 8-47）、"湿笔画"（案例见图 8-48）、"涡流"（案例见图 8-49）、"风吹效果"
（案例见图 8-50）等 11 种相应的效果表现。

图 8-39　扭曲效果原图

图 8-40　块状案例

图 8-41　置换案例

图 8-42　网孔扭曲案例

图 8-43 偏移案例

图 8-44 像素案例

图 8-45 底纹案例

图 8-46 漩涡案例

图 8-47 平铺案例

图 8-48 湿笔画案例

图 8-49 涡流案例

图 8-50 风吹效果案例

8.2.6 杂点效果

"杂点"效果可以给位图对象添加颗粒,调整并增加颗粒大小程度。"杂点"效果(原图见图 8-51)的操作命令有"添加杂点"(案例见图 8-52)、"最大值"(案例见图 8-53)、"中值"(案例见图 8-54)、"最小值"(案例见图 8-55)、"去除龟纹"(案例见图 8-56)、"去除杂点"(案例见图 8-57)等 6 种相应的效果表现。

图 8-51 杂点效果原图

图 8-52　添加杂点案例

图 8-53　最大值案例

图 8-54　中值案例

图 8-55　最小值案例

图 8-56　去除龟纹案例

图 8-57　去除杂点案例

8.2.7　鲜明化效果

　　"鲜明化"效果可以强调位图对象边缘、修复图像缺损细节,使图像变得更清晰。"鲜明化"效果(原图见图 8-59)的操作命令有"适应非鲜明化"(案例见图 8-59)、"定向柔化"(案例见图 8-60)、"高通滤液器"(案例见图 8-61)、"鲜明化"(案例见图 8-62)、"非鲜明化遮罩"等 5 种相应的效果表现。

图 8-58　鲜明化效果原图

图 8-59　适应非鲜明化案例

图 8-60　定向柔化案例

图 8-61　高通滤波器案例

图 8-62　鲜明化案例

8.2.8　底纹效果

"底纹"效果为原图提供了在绘图界面操作时丰富的底纹肌理效果,"底纹"效果(原图见图 8-63)的操作命令有"鹅卵石"(案例见图 8-64)、"褶皱"(案例见图 8-65)、"蚀刻"(案例见图 8-66)、"塑料"(案例见图 8-67)、"浮雕"(案例见图 8-68)、"石头"(案例见图 8-69)等 6 种相应的效果表现。

图 8-63　底纹效果原图

图 8-64　鹅卵石案例

图 8-65　褶皱案例

图 8-66　蚀刻案例

图 8-67　塑料案例

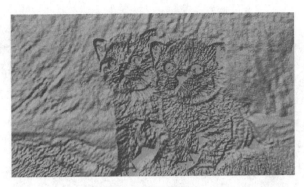

图 8-68 浮雕案例

图 8-69 石头案例

8.2.9 相机效果

"相机"效果为图像添加特效产生的不同效果,"相机效果"(原图见图 8-70)的操作命令有"着色"(案例见图 8-71)、"扩散"(案例见图 8-72)、"照片过滤器"(案例见图 8-73)、"棕褐色色调"(案例见图 8-74)、"延时"(案例见图 8-74)等 5 种相应的表现效果。

图 8-70 相机效果原图

图 8-71　着色案例

图 8-72　扩散案例

图 8-73　照片过滤器案例

图 8-74 棕褐色色调案例

8.2.10 颜色转换效果

"颜色转换"将位图图像分为 3 个颜色平面进行显示,也可以给位图图像添加彩色网版效果、转换色彩,"颜色转换"的操作命令(原图见图 8-75)有"位平面"(案例见图 8-76)、"半色调"(案例见图 8-77)、"梦幻色调"(案例见图 8-78)、"曝光"(案例见图 8-79)等 4 种相应的表现效果。

图 8-75 颜色转换效果原图

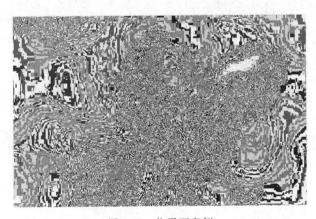

图 8-76 位平面案例

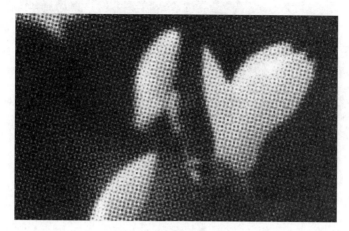

图 8-77　半色调案例

图 8-78　梦幻色调案例

图 8-79　曝光案例

8.2.11 轮廓图效果

"轮廓图"效果用于位图图像处理边缘和轮廓,突出图像边缘的显示。"轮廓图"的操作命令(原图见图 8-80)有"边缘检测"(案例见图 8-81)、"查找边缘"(案例见图 8-82)、"描摹轮廓"(案例见图 8-83)等 3 种相应的表现效果。

图 8-80 轮廓图效果原图

图 8-81 边缘检测案例

图 8-82 查找边缘案例

图 8-83 描摹轮廓案例

8.2.12 创造性效果

"创造性"效果为用户在绘图界面创作时提供了丰富的底纹和形状,"创造性"效果的操作命令(原图见图 8-84)有"工艺"(案例见图 8-85)、"晶体化"(案例见图 8-86)、"织物"(案例见图 8-87)、"框架"(案例见图 8-88)、"玻璃砖"(案例见图 8-89)、"儿童游戏"(案例见图 8-90)、"马赛克"(案例见图 8-91)、"粒子"(案例见图 8-92)、"散开"(案例见图 8-93)、"茶色玻璃"(案例见图 8-94)、"彩色玻璃"(案例见图 8-95)、"虚光"(案例见图 8-96)、"漩涡"(案例见图 8-97)、"天气"(案例见图 8-98)等 14 种相应的表现效果。

图 8-84　创造性效果原图

图 8-85　工艺案例

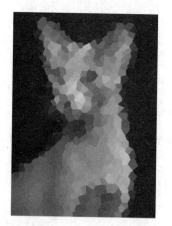

图 8-86　晶体化案例

图 8-87　织物案例

图 8-88　框架案例

图 8-89　玻璃砖案例

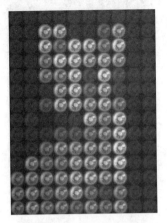

图 8-90 儿童游戏案例

图 8-91 马赛克案例

图 8-92 粒子案例

图 8-93 散开案例

图 8-94 茶色玻璃案例

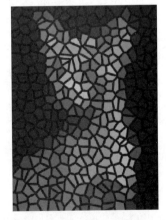

图 8-95 彩色玻璃案例

图 8-96　虚光案例

图 8-97　漩涡案例

图 8-98　天气案例

第 9 章

基础矩形图案绘制

在 CorelDRAW 学习中，最基础的入门绘制是从各种矩形图案开始学习，从简单到繁杂。本章将带领大家一起从头开始学习 CorelDRAW 绘制。下面我们从最简单的小图案正式开始学习吧！

矩形图案绘制过程中采用了以下基本方法和要点。

（1）利用"矩形工具"绘制简单图案。

（2）利用"形状工具"控制节点编辑曲线对象。

（3）学习基本的快捷键操作。

9.1 案例一：电池案例绘制

本节案例效果图如图 9-1 所示。

操作一：单击"文件"→"新建"，在工具栏中可选择背景纸张大小，选择 A4，如图 9-2 所示。

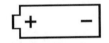

图 9-1 电池案例效果图

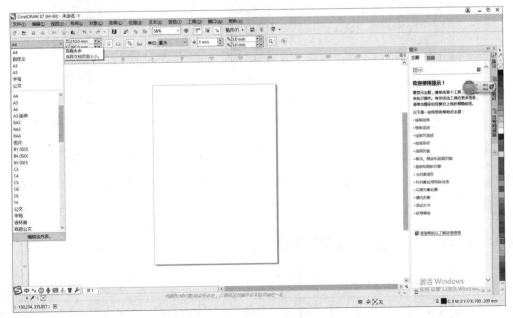

图 9-2 电池案例操作一

操作二：选择"矩形工具"，绘制一个矩形，在矩形左边中部再绘制一个矩形，并与第一个矩形左边相交。

操作三：选择"选择工具"，框住两个矩形后按快捷键 E（边对齐），再选择"合并"，选择边宽为 1cm，如图 9-3 所示。

操作四：选择"矩形工具"，在第一个矩形左中部绘制一个矩形，选择"选择工具"，在调色板中选择黑色，单击右键选择白色，按快捷键 Ctrl＋C、Ctrl＋V，再选择一次矩形即可旋转，按住

图 9-3　电池案例操作三

Ctrl 键可轻易旋转至 90°，或在工具栏的旋转角度中输入 90°。选择矩形，按快捷键 Ctrl＋C、Ctrl＋V，按住 Ctrl 向右拖曳。选择"选择工具"，框住所有图形，按快捷键 E。案例完成，完成效果图如图 9-1 所示。

9.2　案例二：牌坊案例绘制

本节案例效果如图 9-4 所示。

操作一：选择"矩形工具"，绘制一个矩形，从调色板中选择绿色。选择"形状工具"，工具栏中选择"扇形角"，在矩形任意边拉动，制作效果如图 9-5 所示。

操作二：选择"选择工具"，按快捷键 Ctrl＋C、Ctrl＋V，向内缩小，在调色板中选择绿色，右键选择 10％黑，轮廓宽度选择 1.5mm，制作效果如图 9-6 所示。

图 9-4　牌坊案例效果图　　　　图 9-5　牌坊案例操作一　　　　图 9-6　牌坊案例操作二

操作三：选择"文本工具"，在图形中部单击输入"赵小姐的店"，字体选择楷体，字体颜色选择 10％黑。根据图案大小自行调整文本大小。选择"选择工具"，选中所有图形，右键选择组合对象。完成效果如图 9-4 所示。

9.3　案例三：公文包案例绘制

本节案例效果图如图 9-7 所示。

操作一：选择"矩形工具"，绘制一个矩形，在调色板中选择绿色。选择"形状工具"，在工具栏中选择"圆角"，在矩形任意边拉动。

操作二：选择"选择工具"，按快捷键 Ctrl＋C、Ctrl＋V，底边往上推动，从调色板中选择(C:55，M:0，Y:96，K:0)，选择"形状工具"，选择矩形底边一个角，按 Ctrl 键选中底边另一角，推动。选择"选择工具"选中所有图形，轮廓宽度选择"无"，如图 9-8 所示。

操作三：选择"矩形工具"，在操作一矩形顶边中部绘制一个矩形，从调色板左键选择 10％黑，右键选择 80％黑，轮廓宽度选择 2.5mm。右键选择顺序到图层后面。选择"形状工具"，工具栏中选择"圆角"，在矩形任意边拉动，如图 9-9 所示。

图 9-7 公文包案例效果图

图 9-8 公文包案例操作二

图 9-9 公文包案例操作三

操作四：选择"矩形工具"，在操作二的图形相交中部绘制一个矩形，从调色板中选择 60％黑，右键选择 90％黑，在此矩形内部再绘制一个矩形，从调色板中选择 10％黑，轮廓宽度选择无。

操作五：选择"选择工具"，选择全部图形，按快捷键 C，使图形居中，右键选择组合对象完成。完成效果图如图 9-7 所示。

9.4 案例四：计算器案例绘制

本节案例效果如图 9-10 所示。

操作一：选择"矩形工具"，绘制一个矩形，从调色板中选择 30％黑，选择"选择工具"，在工具栏中选择"圆角"，在矩形任意边拉动。再选择"矩形工具"，在矩形中部偏上位置绘制一个矩形，从调色板中选择 70％黑，选择"选择工具"，工具栏中选择"圆角"，在矩形任意边拉动，如图 9-11 所示。

图 9-10 计算器案例效果图

图 9-11 计算器操作一

操作二：选择"矩形工具"，在 30％黑矩形中部绘制一个矩形(计算器按键)，从调色板中选择 20％黑，选择"选择工具"，按快捷键 Ctrl＋C、Ctrl＋V，复制剩余矩形(计算器按键)，按住 Ctrl 键可平行或垂直拖动图形。在 30％黑矩形右部绘制矩形(符号按键)，从调色板中选择橘红。注意：绘制计算器 0 按键时，选择任意其他矩形（计算器按键），按快捷键 Ctrl＋C、Ctrl＋V，按住 Ctrl 键拖动，调整长度即可，如图 9-12 所示。

操作三：选择"文本工具"，在矩形（计算器按键）中部单击依次输入 0～9，字体颜色为黑色，大小根据矩形（计算器按键）自行调整，选择"选择工具"，选择数字，按住 Shift 键，选择数字后选择矩形，按快捷键 C、E，使数字与矩形居中，剩余矩形（计算器按键）依次进行此操作。

图 9-12　计算器操作二

操作四：（符号绘制）选择"矩形工具"，在矩形（计算器按键）中部绘制一个矩形，从调色板中选择 10％黑，轮廓宽度选择无。

选择"选择工具"，按快捷键 Ctrl＋C、Ctrl＋V，按住 Ctrl 键，旋转 90°或在工具栏的旋转角度中输入 90°，其余符号按照此方法绘制。

操作五：选择"选择工具"，框选所有图形，轮廓宽度选择无，右键选择"组合对象"完成操作。完成效果图如图 9-10 所示。

9.5　案例五：笔记本案例绘制

本节案例效果如图 9-13 所示。

操作一：新建一个空白文档，设置页面大小为 A4。

选择"矩形工具"，绘制一个矩形，再选择"形状工具"，设置"圆角"为 3.4mm，从调色板中选择 30％黑色，如图 9-14 所示。

操作二：选择"选择工具"，选中矩形，然后在"编辑填充"对话框中选择色标为（C：71，M：3，Y：47，K：0）的颜色填充，设置轮廓宽度为无。

操作三：选中已绘制好的矩形按住 Shift 键向右拖动，右击进行复制，重复操作此动作一次，复制出两个矩形，分别调整它们的大小和位置，然后在"编辑填充"对话框中选择色标值为（C：11，M：5，Y：7，K：0）和（C：71，M：3，Y：47，K：0）进行填充，如图 9-15 所示。

图 9-13　笔记本案例效果图

图 9-14　笔记本案例操作一

图 9-15　笔记本案例操作三

提示：左击选中一个图形，拖动时按住 Shift 键可保证平行移动，拖动后同时右击即可复制图形，再松开完成复制。

操作四：选择"选择工具"，选中已经绘制好的第一个矩形右边线，向左拖动到合适位置,右击进行复制,然后在"编辑填充"对话框中选择色标值为(C:91,M:71,Y:59,K:24)进行填充,如图9-16所示。

🖰 **操作五**:选择"矩形工具",在已经绘制好的第一个矩形中间偏右的位置绘制一个矩形,在"编辑填充"对话框中选择色标值为(C:11,M:5,Y:7,K:0)进行填充,然后选择"选择工具",选中矩形的左边线或右边线进行拖动,调整到合适的宽度,右击进行复制。选中已经复制好的矩形,按住Shift键向右拖动到合适位置,右击进行复制,如图9-17所示。然后重复此操作,将复制好的矩形拖至合适位置,调整其宽度,在"编辑填充"对话框中选择色标值为(C:94,M:76,Y:64,K:38)进行填充,如图9-18所示。

图9-16　笔记本案例操作四　　图9-17　笔记本案例操作五(1)　　图9-18　笔记本案例操作五(2)

🖰 **操作六**:选择"矩形工具",在图中间绘制一个矩形,然后在"编辑填充"对话框中选择色标值为(C:7,M:25,Y:72,K:0)进行填充,再选择"矩形工具"绘制一个矩形,然后选中绘制好的矩形,按住Shift键向下拖动,右击进行复制,在"编辑填充"对话框中选择色标值为(C:18,M:31,Y:77,K:0)进行填充,如图9-19所示。

操作七:单击"选择工具",框选整个图形,设置"轮廓宽度"为无,右击选择"组合对象"进行组合,书本绘制完成,如图9-20所示,完成效果图如图9-13所示。

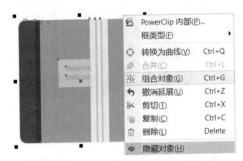

图9-19　笔记本案例操作六　　　　图9-20　笔记本案例操作七

9.6　案例六:电视机案例绘制

本节案例效果如图9-21所示。

🖰 **操作一**:新建一个空白文档,设置页面大小为A4。

🖰 **操作二**:选择"矩形工具",绘制一个矩形,然后按住Shift键使用鼠标左键拖动向中心缩放,接着右击进行复制,得到一个矩形,然后调整矩形的大小和位置,在"编辑填充"对话框中选择色标值为(C:0,M:99,Y:99,K:0)和(C:0,M:0,Y:0,K:100)分别进行填充,如图 9-22 所示。

图 9-21　电视机案例效果图

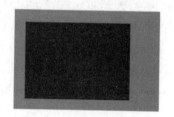

图 9-22　电视机案例操作二

🖱 **操作三**：选择"矩形工具",在已绘制的矩形右侧绘制一个矩形,选择"形状工具",设置"圆角"为 1.2mm,在"编辑填充"对话框中选择色标值为(C:0,M:0,Y:0,K:100)进行填充,再选择"矩形工具",绘制一个矩形,选择"形状工具",设置"圆角"为 0.45mm,在"编辑填充"对话框中选择色标值为(C:73,M:64,Y:77,K:30)进行填充。

🖱 **操作四**：鼠标左键选择操作三绘制的灰色矩形,然后按住 Shift 键,同时单击操作三绘制的黑色矩形,按快捷键 C、E 完成垂直居中和水平居中,如图 9-23 所示。

提示：快捷键 C 垂直居中,快捷键 E 水平居中。

🖱 **操作五**：选择"选择工具",框选操作三绘制的两个矩形,右击选择"组合对象"进行组合,然后选择已组合的矩形,按住 Shift 键向下拖动,接着右击进行复制,再松开鼠标左键完成复制,如图 9-24 所示。

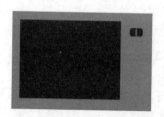

图 9-23　电视机案例操作四

图 9-24　电视机案例操作五

🖱 **操作六**：选择"矩形工具",绘制一个矩形,在"编辑填充"对话框中选择色标值为(C:73,M:64,Y:77,K:30)进行填充,将其放置在合适位置,再选择"矩形工具",按住 Ctrl 键绘制一个正方形,在"编辑填充"对话框中选择色标值为(C:0,M:0,Y:0,K:100)进行填充,单击"选择工具",鼠标左键选择绘制好的正方形,按住 Shift 键拖动到合适位置,接着右击进行复制,再松开鼠标左键完成复制,框选两个正方形右击选择"组合对象"进行组合,如图 9-25 所示。

🖱 **操作七**：选择"选择工具",左键选择已组合的两个正方形,按住 Shift 键水平向下拖动,接着右击进行复制,再松开鼠标左键完成复制,重复此操作三次,框选整个图形设置"轮廓宽度"为无,最后框选整个图形,右击选择"组合对象"进行组合,如图 9-26 所示。

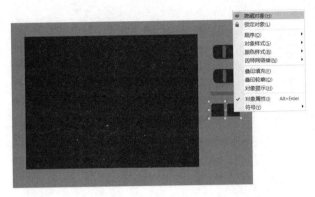

图 9-25　电视机案例操作五

操作八：选择"矩形工具"，绘制一个矩形，单击"形状工具"，选择矩形右击选择"转化为曲线"，调整矩形的形状，在"编辑填充"对话框中选择色标值为(C:49,M:100,Y:100,K:28)进行填充，如图 9-27 所示。

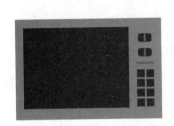

图 9-26　电视机案例操作七

图 9-27　电视机案例操作八

操作九：选择"选择工具"，单击操作八绘制的图形，按住 Shift 键水平向右拖动，接着右击进行复制，再松开鼠标左键完成复制，然后单击"镜像"，调整方向。单击复制好的图形，按住 Shift 键缩放图形至合适大小，最后再复制一个图形，调整到合适位置。框选整个图形设置"轮廓宽度"为无，右击选择"组合对象"进行组合，电视机绘制完成，完成效果图如图 9-21 所示。

基础圆形图案绘制

圆形图案绘制过程中采用了以下基本方法和要点：

（1）利用"椭圆形工具"绘制简单图案。

（2）利用"形状工具"控制节点编辑曲线对象。

（3）学习基本快捷键操作。

10.1 案例一：闹钟案例绘制

本节案例效果图如图 10-1 所示。

🖱 操作一：新建一个空白文档，设置页面大小为 A4。

🖱 操作二：选择"椭圆形工具"，按住 Ctrl 键，绘制一个圆，设置"轮廓宽度"为 3mm，在"编辑填充"对话框中选择色标值为（C:0,M:60,Y:100,K:0）进行填充，如图 10-2 所示。

🖱 操作三：选择"椭圆形工具"，选择"弧工具"，按住 Ctrl 键，绘制一个弧形，设置"轮廓宽度"为 2.5mm，在"编辑填充"对话框中选择色标值为（C:0,M:60,Y:100,K:0）进行填充，选择"起始和结束角度"调整到合适角度，单击"选择工具"，按住 Shift 键水平向右拖动，接着右击进行复制，再松开鼠标左键完成复制，然后单击"镜像"，调整方向，如图 10-3 所示。

图 10-1 闹钟案例效果图

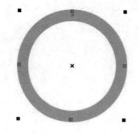

图 10-2 闹钟案例操作二

图 10-3 闹钟案例操作三

🖱 操作四：选择"矩形工具"，在圆形内绘制一个矩形，选择"形状工具"，调整矩形两端形状，在"编辑填充"对话框中选择色标值为（C:0,M:60,Y:100,K:0）进行填充，单击一下绘制好的指针，然后按住 Shift 键同时选择绘制好的圆，单击快捷键 C 实现垂直居中，如图 10-4 所示。

🖱 操作五：选择"选择工具"，选择指针，按住 Shift 键水平向下拖动，接着右击进行复制,再松开鼠标左键完成复制,选择"旋转角度"旋转至合适角度,如图 10-5 所示。

图 10-4 闹钟案例操作四

图 10-5 闹钟案例操作五

操作六:选择"矩形工具",绘制一个矩形,选择"形状工具",选择矩形下端两个点调整两端形状,在"编辑填充"对话框中选择色标值为(C:0,M:60,Y:100,K:0)进行填充,然后选择"旋转角度"旋转至合适角度,选择"选择工具",选择调整好的图形,按住 Shift 键水平向右拖动,接着右击进行复制,再松开鼠标左键完成复制,选择"镜像",调整方向,最后右击选择"组合对象"进行组合,小闹钟绘制完成,完成效果如图 10-1 所示。

10.2 案例二: 樱桃案例绘制

本节案例效果图如图 10-6 所示。

操作一:新建一个空白文档,设置页面大小为 A4。

操作二:选择"椭圆形工具",单击按住 Ctrl 键,绘制一个圆,在"编辑填充"对话框中选择色标值为(C:1,M:39,Y:81,K:0)进行填充,选择绘制好的圆形按住 Shift 键水平向右拖动,接着右击进行复制,再松开鼠标左键完成复制,如图 10-7 所示。

操作三:选择"椭圆形工具",单击"弧工具",按住 Ctrl 键,绘制一个弧,选择"起始和结束角度"调整到合适的角度,设置"轮廓宽度"为 6mm,在"编辑填充"对话框中选择色标值为(C:0,M:98,Y:32,K:0)进行填充,如图 10-8 所示。

图 10-6 樱桃案例效果图

图 10-7 樱桃案例操作二

图 10-8 樱桃案例操作三

操作四:选择"椭圆形工具",单击"弧工具",按住 Ctrl 键,绘制一个弧,选择"起始和结束角度"调整到合适的角度,设置"轮廓宽度"为 2.5mm,在"编辑填充"对话框中选择色标值为(C:80,M:31,Y:0,K:0)进行填充,然后选择绘制好的弧形按住 Shift 键水平向右拖动,接着右击进行复制,再松开鼠标左键完成复制,然后调整其大小和角度,最后框选整个图形右击选择"组合对象"进行组合,樱桃绘制完成,完成效果图如图 10-6 所示。

10.3 案例三:卡通头像案例绘制

本节案例效果图如图 10-9 所示。

操作一:新建一个空白文档,设置页面大小为 A4。

操作二:选择"椭圆形工具",绘制一个椭圆,在"编辑填充"对话框中选择色标值为(C:0,M:21,Y:90,K:0)进行填充,如图 10-10 所示。

图 10-9　卡通头像案例效果图　　　　　图 10-10　卡通头像案例操作二

操作三:选择"椭圆形工具",在绘制一个椭圆,调整其大小,在"编辑填充"对话框中选择色标值为(C:3,M:11,Y:17,K:0)进行填充,单击一下绘制好的椭圆,然后按住 Shift 键同时选择操作二绘制的椭圆,单击快捷键 C 实现垂直居中,如图 10-11 所示。

操作四:选择"椭圆形工具",单击"饼图",单击"起始和结束角度"调整到 0~180°的角度,绘制一个半椭圆,在"编辑填充"对话框中选择色标值为(C:0,M:52,Y:81,K:0)进行填充,然后再选择"椭圆形工具",单击"饼图",单击"起始和结束角度"调整为合适的角度,绘制一个饼图作为头发的分叉,在"编辑填充"对话框中选择色标值为(C:3,M:11,Y:17,K:0)进行填充,然后选择绘制好的饼图按住 Shift 键水平拖动,接着右击进行复制,复制 3~4 个,分别调整它们的大小和位置,如图 10-12 所示。

图 10-11　卡通头像案例操作三　　　　　图 10-12　卡通头像案例操作四

操作五:选择"椭圆形工具",按住 Ctrl 键绘制一个圆作为眼睛,调整其大小,在"编辑填充"对话框中选择色标值为(C:0,M:0,Y:0,K:100)进行填充,然后选择绘制好的圆形按住 Shift 键水平向右拖动,接着右击进行复制,再松开鼠标左键完成复制,绘制好另一只眼睛。选择"椭圆形工具",选择"饼图",单击"起始和结束角度"调整为 0~180°的角度,绘制一个半椭圆作为嘴巴,在"编辑填充"对话框中选择色标值为(C:0,M:0,Y:0,K:100)进行填充,接着单击一下绘制好的嘴巴,然后按住 Shift 键同时选择绘制好的脸部,单击快捷键 C 实现垂直居中,如图 10-13 所示。

图 10-13　卡通头像案例操作五

操作六:选择"椭圆形工具",单击"饼图",在"起始和结束角度"中对角度进行调整,绘制一个饼图,在"编辑填充"对话框中选择色标值为(C:0,M:0,Y:0,K:100)进行填充,再选择"椭圆形工具",单击"弧工具",绘制一条弧,选择"起始和结束角度"调整到合适的角度,设置"轮廓宽度"0.3mm,在"编辑填充"对话框中选择色标值为(C:0,M:0,Y:0,K:100)进行填充,然后选择绘制好的弧按住 Shift 键水平向右拖动,接着右击进行复制,再松开鼠标左键完成复制,最后框选整个图形右击选择"组合对象"进行组合,可爱头像绘制完成,完成效果图如图 10-9 所示。

10.4　案例四:雪人案例绘制

本节案例效果如图 10-14 所示。

操作一:新建一个空白文档,设置页面大小为 A4。

操作二:选择"椭圆形工具",按住 Ctrl 键绘制两个圆使其相交,选择"合并工具"合并两个圆重叠的部分,在"编辑填充"对话框中选择"渐变填充",然后选择"椭圆形渐变填充"进行调色填充,如图 10-15 和图 10-16 所示。

操作三:选择"椭圆形工具",单击"弧工具",分别绘制三条弧作为围巾,选择"起始和结束角度"调整到合适的角度,设置"轮廓宽度"为 10mm,在"编辑填充"对话框中选择色标值为(C:20,M::89,Y:87,K:0)进行填充,如图 10-19 所示。

图 10-14　雪人案例效果图

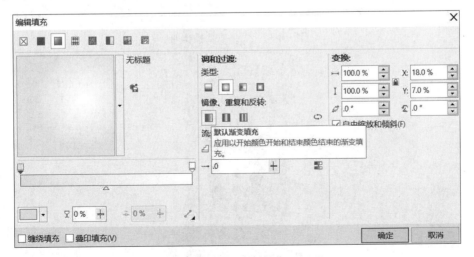

图 10-15　雪人案例操作二(1)

图 10-16　雪人案例操作二(2)　　　　　　图 10-17　雪人案例操作三

操作四：选择"椭圆形工具"，按住 Ctrl 键绘制一个圆作为纽扣，在"编辑填充"对话框中选择"渐变填充"，然后选择"椭圆形渐变填充"进行调色填充，然后选择绘制好的纽扣按住 Shift 键水平向下拖动，接着右击进行复制，再松开鼠标左键完成复制，连续复制两个纽扣，如图 10-18 和图 10-19 所示。

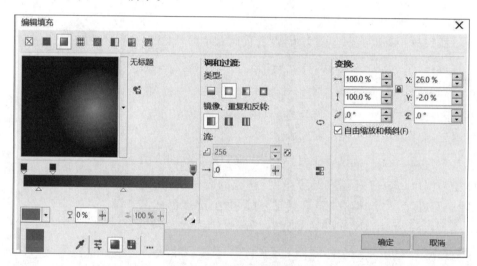

图 10-18　雪人案例操作四

图 10-19　雪人案例操作四

操作五：选择"椭圆形工具"，按住 Ctrl 键绘制一个圆作为眼睛，在"编辑填充"对话框中选择"渐变填充"，选择"椭圆形渐变填充"进行调色填充，再选择绘制好的眼睛按住 Shift 键水平向右拖动，接着右击进行复制，松开鼠标左键完成复制，再选择"椭圆形工具"，按住 Ctrl 键绘制一个圆作为鼻子，同样在"编辑填充"中调色填充，最后在选择"椭圆形工具"，以同样的方式绘制嘴巴，再将选择绘制好的嘴巴水平向右拖动，使用鼠标右击进行复制，再松开鼠标左键完成复制，连续复制几个，调整到合适位置，如图 10-20 所示。

图 10-20　雪人案例操作五

操作六：选择"矩形工具"，绘制一个矩形，选择"形状工具"调整矩形的四个角，在"编辑填充"对话框中选择色标值为(C:0,M:0,Y:0,K:100)进行填充，然后再以同样的方式绘制一个矩形，填充色标值为(C:20,M:89,Y:0,87:0)的颜色，最后再选择"矩形工具"，绘制一个矩形，选择"形状工具"，鼠标左键单击一下绘制好的矩形，再右击选择"转化为曲线"，调整矩形下端两个点的位置，然后在"编辑填充"对话框中选择色标值为(C:0,M:0,Y:0,K:100)进行填充，如图 10-21 所示。

操作七：选择"矩形工具"，绘制一个矩形，选择"形状工具"，选择矩形，右击选择"转化为曲线"调整矩形一边两个端点的位置，在"编辑填充"对话框中选择色标值为(C:49,M:71,Y:100,K:13)进行填充，选择"选择工具"，单击绘制好的矩形，然后按住 Shift 键使用鼠标左键拖动向中心缩放，接着右击进行复制，得到一个矩形，然后分别调整两个矩形的大小和位置，框选这两个矩形右击选择"组合对象"进行组合，接着选择组合好的图形水平向右拖动到合适位置，右击进行复制，再松开鼠标左键完成复制。选择"镜像"调整方向，最后框选整个雪人，右击选择"组合对象"进行组合，雪人绘制完成，完成效果图如图 10-22 所示。

图 10-21　雪人案例操作六

图 10-22　雪人案例完成效果图

10.5　案例五: 卡通熊案例绘制

本节案例效果如图 10-23 所示。

操作一: 新建一个空白文档,设置页面大小为 A4。

操作二: 选择"椭圆形工具",按住 Ctrl 键分别绘制两个圆,使其相交,框选两个相交的圆,选择"合并工具"合并两个圆相交的部分,在"编辑填充"对话框中选择白色进行填充,设置"轮廓宽度"为 0.1mm,如图 10-24 所示。

图 10-23　卡通熊案例效果图

图 10-24　卡通熊案例操作二

操作三: 选择"椭圆形工具",单击"饼图",在"起始和结束角度"调整为 0~180°的角度,绘制一个半椭圆作为耳朵,在"编辑填充"对话框中选择色标值为(C:0,M:0,Y:0,K:40)进行填充,接着选择绘制好的耳朵按住 Shift 键水平向右拖动到合适位置,右击进行复制,再松开鼠标左键完成复制,选择"镜像"调整方向,如图 10-25 所示。

操作四: 选择"矩形工具",绘制一个矩形,接着选择"椭圆形工具",单击"饼图",在"起始和结束角度"调整为 0~180°的角度,绘制一个半椭圆,将绘制好的矩形和半椭圆调整到合适的位置,框选,选择"合并工具"合并相交的部分,在"编辑填充"对话框中选择白色进行填充,设置"轮廓宽度"为 0.1mm,接着选择绘制好的图形按住 Shift 键水平向右拖动到合适位置,右击进行复制,再松开鼠标左键完成复制。选择"镜像"调整方向,最后框选整个图形,选择"合并工具"合并所有相交的部分,如图 10-26 所示。

图 10-25　卡通熊案例操作三

图 10-26　卡通熊案例操作四

操作五：选择"矩形工具"，绘制一个矩形，选择"形状工具"，鼠标左键单击一下绘制好的矩形，再右击选择"转化为曲线"，调整矩形的形状，然后在"编辑填充"对话框中选择色标值为(C:0，M:0，Y:0，K:40)进行填充，设置"轮廓宽度"为无，如图 10-27 所示。

操作六：选择"椭圆形工具"，按住 Ctrl 键分别绘制两个圆，使其相交，框选两个相交的圆，选择"移除前面对象"移除前面的圆的部分，在"编辑填充"对话框中选择色标值为(C:86，M:78，Y:63，K:37)进行填充，设置"轮廓宽度"为无，接着选择绘制好的图形按住 Shift 键水平向右拖动到合适位置，右击进行复制，再松开鼠标左键完成复制，如图 10-28 所示。

图 10-27 卡通熊案例操作五 　　　　图 10-28 卡通熊案例操作六

操作七：选择"椭圆形工具"，按住 Ctrl 键分别绘制两个圆，使其相交，框选两个相交的圆，选择"合并工具"合并相交的部分，在"编辑填充"对话框中选择色标值为(C:10 M:7 Y:7 K:0)进行填充，设置"轮廓宽度"为无。再选择"椭圆形工具"，按住 Ctrl 键绘制一个圆，在"编辑填充"对话框中选择色标值为(C:86 M:78 Y:63 K:37)进行填充，将这个圆调整到合适位置，单击圆形，然后右击，选择"顺序"→"向后一层"。接着选择"椭圆形工具"，单击"饼图"，在"起始和结束角度"调整为 0～180° 的角度，绘制一个半椭圆作为鼻子，选择"形状工具"，单击一下绘制好的图形，再右击选择"转化为曲线"，调整形状，然后选择绘制好的图形，按住 Shift 键水平向右拖动到合适位置，右击进行复制，再松开鼠标左键完成复制。在"编辑填充"对话框中选择色标值为(C:86，M:78，Y:63，K:37)和(C:80，M:73，Y:61，K:27)分别进行填充，置"轮廓宽度"为无。然后框选整个嘴巴的图形，右击选择"组合对象"进行组合。接着单击一下组合好的嘴巴，然后按住 Shift 键同时选择绘制好的脸的部分，单击快捷键 C 实现垂直居中，最后框选整个图形右击，选择"组合对象"进行组合，绘制完成，完成效果图如图 10-29 所示。

图 10-29 卡通熊案例完成效果图

10.6 案例六：卡通熊案例二绘制

本节案例效果如图 10-30 所示。

操作一：新建一个空白文档，设置页面大小为 A4。

操作二：选择"椭圆形工具"，绘制一个椭圆，选择"椭圆形工具"，按住 Ctrl 键绘制一个圆，接着选择绘制好的圆，按住 Shift 键水平向右拖动到合适位置，右击进行复制，再松开鼠标左键完成复制。选择"镜像"调整方向，选择"选择工具"框选整个图形，选择"合并工具"合并相交的部分，如图 10-31 所示。

图 10-30　卡通熊案例二效果图

图 10-31　卡通熊案例二操作二

操作三：选择"椭圆形工具"，单击"饼图"，在"起始和结束角度"调整为 0～180°的角度，绘制一个半椭圆作为耳朵，接着选择绘制好的耳朵，按住 Shift 键水平向右拖动到合适位置，右击进行复制，再松开鼠标左键完成复制。选择"镜像"调整方向，在"编辑填充"对话框中选择色标值为(C:4,M:5,Y:76,K:0)和(C:10,M:44,Y:76,K:0)分别进行填充，选择"选择工具"，框选整个图形设置"轮廓宽度"为无，如图 10-32 所示。

操作四：选择"椭圆形工具"，绘制一个椭圆，选择"椭圆形工具"，单击"弧工具"，按住 Ctrl 键，绘制一条弧，选择"起始和结束角度"调整到合适的角度，设置"轮廓宽度"为10mm，接着选择绘制好的弧形按住 Shift 键水平向右拖动，右击进行复制，再松开鼠标左键完成复制。选择"镜像"调整方向，使它与已绘制好的弧形相交。再选择"椭圆形工具"，按住 Ctrl 键绘制一个圆，使其大小正好与两条弧交叉的地方重合，接着选择"选择工具"框两条弧与圆，选择"合并工具"合并相交的部分。在"编辑填充"对话框中选择色标值为(C:2,M:2,Y:40,K:0)和(C:100,M:99,Y:58,K:53)分别进行填充，然后框选整个嘴巴的图形，右击选择"组合对象"进行组合。接着鼠标左键单击一下组合好的嘴巴，然后按住 Shift 键同时选择绘制好的脸的部分，单击快捷键 C 实现垂直居中，如图 10-33 所示。

图 10-32　卡通熊案例二操作三

图 10-33　卡通熊案例二操作四

操作五：选择"椭圆形工具"，按住 Ctrl 键绘制一个圆为眼睛，在"编辑填充"对话框中选择色标值为(C:100,M:99,Y:58,K:53)进行填充，接着选择绘制好的圆形按住 Shift 键水平向右拖动，右击进行复制，再松开鼠标左键完成复制，最后单击"选择工具"框选整个图形，右击选择"组合对象"进行组合，如图 10-34 所示。

操作六：绘制背景，选择"矩形工具"，按住 Ctrl 键绘制一个正方形，在"编辑填充"

对话框中选择色标值为(C:0,M:0,Y:0,K:100)进行填充,接着选择黑色背景,右击选择"顺序""到图层后面",如图 10-35 所示。

图 10-34 卡通熊案例二操作五

图 10-35 卡通熊案例二操作六

操作七:绘制背景,选择"矩形工具",按住 Ctrl 键绘制一个正方形,选择"形状工具",选择"圆角工具",调整形状,在"编辑填充"对话框中选择色标值为(C:3,M:3,Y:40,K:0)进行填充,接着选择黄色背景,右击选择"顺序"→"向后一层",如图 10-36 所示。

操作八:绘制阴影,选择"矩形工具"绘制一个矩形,单击"选择工具",选择"圆角工具"调整绘制好的矩形形状,旋转到合适角度,选择"形状工具",调整形状,在"编辑填充"对话框中选择"渐变填充",然后选择"线性渐变填充"进行调色填充,绘制完成,完成效果图如图 10-37 所示。

图 10-36 卡通熊案例二操作七

图 10-37 卡通熊案例二完成效果图

多边形图案绘制

11.1 案例一：铅笔案例绘制

本节案例效果图如图 11-1 所示。

🖱 **操作一**：新建一个空白文档，设置页面大小为 A4。

🖱 **操作二**：选择"矩形工具"绘制一个矩形，选择"形状工具"，单击绘制好的矩形右击选择"转化为曲线"添加一个节点，调整形状，如图 11-2 所示。

🖱 **操作三**：选择"矩形工具"绘制一个矩形，使其一侧边线与操作二绘制的矩形边线重合。选择"形状工具"，选择"圆角工具"调整矩形的一个角为圆角，如图 11-3 所示。

图 11-1　铅笔案例效果图

图 11-2　铅笔案例操作二

🖱 **操作四**：选择"选择工具"，选择已调整的矩形，按住 Shift 键水平向左拖动，使矩形与操作二绘制的图形相交，选择"相交"，选择两个重叠的部分，如图 11-4 所示。

图 11-3　铅笔案例操作三

图 11-4　铅笔案例操作四

操作五：将选取的相交部分调整到合适的位置，选择相交部分按住 Shift 键水平向右拖动，右击进行复制，再松开鼠标左键完成复制，选择"镜像"按钮调整方向，选择"矩形工具"绘制一个矩形，选择"形状工具"，选择"圆角工具"调整矩形的两个角为圆角，在"编辑填充"对话框中选择色标值为(C:60,M:0,Y:60,K:20)进行填充，如图 11-5 所示。

操作六：选择"矩形工具"绘制一个矩形，单击矩形，选择"形状工具"，右击选择"转化为曲线"，将矩形的四个节点变为三个节点成为三角形，调整三角形到合适位置，在"编辑填充"对话框中选择色标值为(C:0,M:0,Y:0,K:100)进行填充，最后单击"选择工具"框选整个图形，右击选择"组合对象"按钮进行组合，铅笔绘制完成，完成效果图如图 11-1 所示。

图 11-5 铅笔案例
操作五

11.2 案例二：十字标志案例绘制

本节案例效果图如图 11-6 所示。

操作一：新建一个空白文档，设置页面大小为 A4。

操作二：选择"多边形工具"绘制一个多边形，选择"点数或边数"将其改为六边形，如图 11-7 所示。

图 11-6 十字标志案例效果图

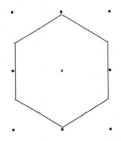

图 11-7 十字标志案例操作二

操作三：选择"窗口"→"泊坞窗"→"圆角/扇形/倒棱角"，选择"圆角"，设置半径(R)为 6mm，单击"应用"按钮。在"编辑填充"对话框中选择色标值为(C:0,M:100,Y:100,K:0)进行填充，设置"轮廓宽度"为无，如图 11-8 和图 11-9 所示。

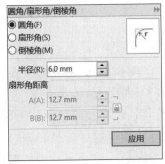

图 11-8 十字标志案例操作三

图 11-9 十字标志案例操作三

图11-10　十字标志案例
完成效果图

操作四：选择"矩形工具"绘制两个矩形，使两者十字相交，接着鼠标左键单击任意一个矩形，然后按住 Shift 键同时选择绘制好的另一个矩形，单击快捷键 C 实现垂直居中，快捷键 E 进行水平居中。选择"形状工具"，选择"圆角工具"将两个矩形的四个角变为圆角。选择"合并工具"合并两个矩形相交的部分，在"编辑填充"对话框中选择白色进行填充，设置"轮廓宽度"为无，如图11-10 所示。

操作五：选择"选择工具"，框选十字图形右击选择"组合对象"进行组合，接着单击一下十字图形，然后按住 Shift 键同时选择六边形，单击快捷键 C 实现垂直居中，快捷键 E 进行水平居中。最后单击"选择工具"框选整个图形，右击选择"组合对象"进行组合，绘制完成，完成效果图如图 11-6 所示。

11.3　案例三：药瓶案例绘制

本案例效果如图 11-11 所示。

操作一：新建一个空白文档，设置页面大小为 A4。

操作二：选择"多边形工具"绘制一个多边形，选择"点数或边数"将其改为五边形。选择五边形顶端的节点，右击选择删除节点。单击"选择工具"，选择绘制好的图形，然后按住 Shift 键使用鼠标左键拖动向中心缩放，接着右击进行复制，得到一个五边形，然后调整矩形的大小和位置，如图 11-12 所示。

图11-11　药瓶案例效果图

操作三：在"编辑填充"对话框中选择色标值为(C:0 M:0 Y:0 K:100)和(C:0 M:100 Y:100 K:0)分别进行填充，设置"轮廓宽度"为无，如图11-13 所示。

图11-12　药瓶案例操作二

图11-13　药瓶案例操作三

操作四：选择"矩形工具"绘制一个矩形，单击矩形，选择"形状工具"，选择"圆角工具"将矩形的四个角变为圆角，将矩形调整到合适位置，在"编辑填充"对话框中选择色标值为(C:0,M:0,Y:0,K:100)进行填充，设置"轮廓宽度"为无，如图 11-14 所示。

操作五：选择"矩形工具"绘制两个矩形，使两者十字相交，接着鼠标左键单击任意一个矩形，然后按住 Shift 键同时选择绘制好的另一个矩形，单击快捷键 C 实现垂直居中，快捷键 E 进行水平居中。单击"选择工具"，框选十字图形，选择"合并工具"合并两个矩形相交的部分,在"编辑填充"对话框中选择白色进行填充,设置"轮廓宽度"为无,如图 11-15 所示。

图 11-14 药瓶案例操作四 　　　图 11-15 药瓶案例操作五

　　操作六:选择"选择工具",接着鼠标左键单击一下十字图形,然后按住 Shift 键同时选择红色图形,单击快捷键 C 进行垂直居中,快捷键 E 实现水平居中。最后单击"选择工具"框选整个图形,右击选择"组合对象"进行组合,绘制完成,完成效果图如图 11-11 所示。

11.4 案例四:心形十字图标案例绘制

本节案例效果如图 11-16 所示。

　　操作一:新建一个空白文档,设置页面大小为 A4。

　　操作二:选择"矩形工具"绘制一个矩形,选择"形状工具",选择"圆角工具"将矩形的两个角变为圆角,如图 11-17 所示。

图 11-16 心形十字图标案例效果图 　　　图 11-17 心形十字图标案例操作二

　　操作三:选择"选择工具",选择矩形,然后右击选择"转化为曲线"向前滚动鼠标滚轴放大矩形的一个角,选择节点,右击单击"拆分",然后双击节点删除,如图 11-18 和图 11-19 所示。

　　操作四:单击"选择工具"选择绘制好图形,单击工作页面右下角"轮廓笔工具",选择"线条端头"→"圆形端头",单击"确定"按钮。在"编辑填充"对话框中选择色标值为(C:0 M:100 Y:100 K:0)进行填充,设置"轮廓宽度"为 1.5mm,如图 11-20 和图 11-21 所示。

　　操作五:选择"选择工具"选择绘制好图形,按住 Shift 键水平向下拖动,右击进行复制,再松开鼠标左键完成复制,选择"镜像"调整方向。再单击"选择工具"选择绘制好图形,按住 Shift 键水平向左拖动,右击进行复制,再松开鼠标左键完成复制,调整该图形的角度位置,接着选择该图形按住 Shift 键水平向右拖动,右击进行复制,再松开鼠标左键完成复制,选择"镜像"调整方向。单击"选择工具"框选所有图形,右击选择"组合对象"进行组合,如图 11-22 所示。

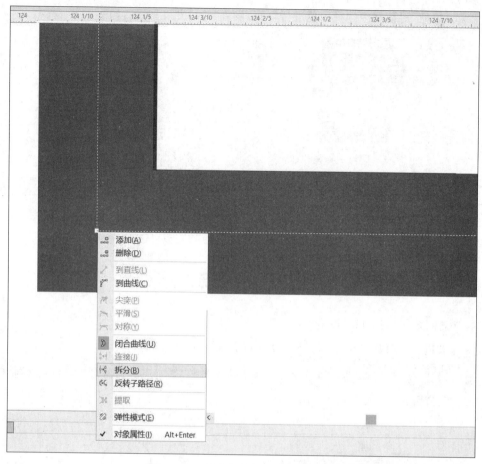

图 11-18　心形十字图标案例操作三

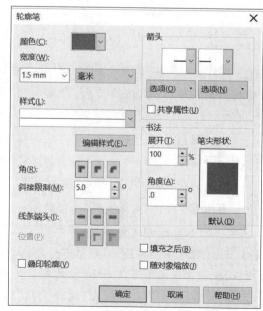

图 11-19　心形十字图标案例操作三　　　　图 11-20　心形十字图标案例操作四

图 11-21　心形十字图标案例操作四

图 11-22　心形十字图标案例操作五

操作六：选择"矩形工具"绘制一个矩形,选择"形状工具",选择"圆角工具"将矩形的两个角变为圆角,单击"选择工具"选择绘制好图形,按住 Shift 键水平向右拖动,右击进行复制,再松开鼠标左键完成复制,选择"镜像"调整方向和位置,单击"选择工具"框选相交的两个图形,选择"合并工具"合并两个图形相交的部分,如图 11-23 所示。

操作七：选择"选择工具"框选心形图形,右击选择"组合对象"进行组合,选择"选择工具",接着鼠标左键单击一下心形图形,然后按住 Shift 键同时选择十字图形,单击快捷键 C 进行垂直居中,快捷键 E 进行水平居中。选择心形图形,在"编辑填充"对话框中选择色标值为(C:0,M:100,Y:100,K:0)进行填

图 11-23　心形十字图标
案例操作六

充,最后单击"选择工具"框选整个图形,右击选择"组合对象"进行组合,绘制完成,完成效果图如图 11-16 所示。

11.5　案例五: 雨伞案例绘制

本节案例效果图如图 11-24 所示。

操作一：新建一个空白文档,设置页面大小为 A4。

操作二：选择"多边形工具",选择"点数或边数"将其改为 3,绘制一个大三角形,再以同样的方式绘制出中间的三角形和左边两个三角形,单击"选择工具",选择"形状工具",选择每个三角形右击单击"转化为曲线"调整它们的形状。调整好以后,单击"选择工具",框选左边两个三角形右击选择"组合对象"进行组合。接着选择组合好的图形,按住 Shift 键水平向右拖动,右击进行复制,再松开鼠标左键完成复制,选择"镜像"调整方向和位置,得到右边两个三角形,如图 11-25 所示。

图 11-24　雨伞案例效果图

图 11-25　雨伞案例操作二

🖱 **操作三**：选择每个形图形在"编辑填充"对话框中选择色标值为（C:0,M:75,Y:68,K:0)和(C:5,M:4,Y:4,K:0）分别进行填充，如图 11-26 所示。

🖱 **操作四**：选择"椭圆形工具"，选择"饼图"，在"起始和结束角度"调整为 0～180°的角度，绘制一个半椭圆，接着选择绘制好的图形，按住 Shift 键水平向右拖动，右击进行复制，再松开鼠标左键完成复制，连续复制四个，如图 11-27 所示。

🖱 **操作五**：选择每个半椭圆图形在"编辑填充"对话框中选择色标值为（C:23,M:18,Y:16,K:0）和(C:44,M:100,Y:100,K:14)分别进行填充，如图 11-28 所示。

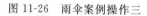

图 11-26　雨伞案例操作三　　　图 11-27　雨伞案例操作四　　　图 11-28　雨伞案例操作五

🖱 **操作六**：选择"矩形工具"绘制一个矩形，选择"形状工具"，选择"圆角工具"将矩形的两个角变为圆角，选择矩形在"编辑填充"对话框中选择色标值为（C:2,M:31,Y:73,K:0）进行填充，最后单击"选择工具"框选整个图形，右击选择"组合对象"进行组合，设置"轮廓宽度"为无，绘制完成，完成效果图如图 11-24 所示。

11.6　案例六：卡车案例绘制

本节案例效果图如图 11-29 所示。

🖱 **操作一**：新建一个空白文档，设置页面大小为 A4。

🖱 **操作二**：选择"矩形工具"和"椭圆形工具"先绘制的外轮廓，如图 11-30 所示。

🖱 **操作三**：选择"形状工具"和"圆角工具"调整外轮廓形状，如图 11-31 所示。

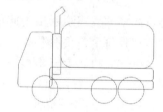

图 11-29　卡车案例效果图　　　图 11-30　卡车案例操作二　　　图 11-31　卡车案例操作三

🖱 **操作四**：在"编辑填充"对话框中选择色标值进行填充，如图 11-32 所示，色标值分别为：

① （C:0,M:80,Y:85,K:0）。

② （C:20,M:15,Y:15,K:0）。

③ （C:79,M:75,Y:56,K:21）。

④ （C:66,M:59,Y:47,K:1）。

⑤ (C:41,M:33,Y:28,K:0)。

⑥ (C:88,M:85,Y:64,K:45)。

操作五：选择"矩形工具"和"椭圆形工具"绘制细节部分,选择"形状工具"和"圆角工具"调整形状,如图 11-33 所示。

操作六：在"编辑填充"对话框中选择色标值进行填充,如图 11-34 所示,色标值分别为：

① (C:67,M:5,Y:22,K:0)。

② (C:17,M:40,Y:95,K:0)。

③ (C:42,M:33,Y:31,K:0)。

④ (C:62,M:53,Y:49,K:0)。

⑤ (C:0,M:0,Y:0,K:100)。

⑥ (C:1,M:25,Y:91,K:0)。

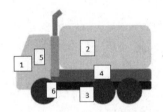 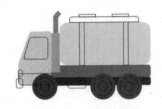 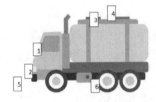

图 11-32　卡车案例操作四　　　图 11-33　卡车案例操作五　　　图 11-34　卡车案例操作六

操作七：最后单击"选择工具"框选整个图形,右击选择"组合对象"进行组合,设置"轮廓宽度"为无,绘制完成,完成效果图如图 11-29 所示。

第12 章

日用产品绘制

12.1 案例一：手表案例绘制

本节案例效果图如图 12-1 所示。

操作一：新建一个空白文档，设置页面大小为 A4。

操作二：绘制表盘，选择"椭圆形工具"，按住 Ctrl 键绘制第一个圆，调整 x 轴和 y 轴为 0，设置宽度高度都为 1001mm，在"编辑填充"对话框中选择"渐变填充"，然后选择"线性渐变填充"进行调色填充，如图 12-2 和图 12-3 所示。

图 12-1　手表案例效果图　　　图 12-2　手表案例操作二(1)　　　图 12-3　手表案例操作二(2)

操作三：选择"椭圆形工具"，按住 Ctrl 键绘制第二个圆，调整 x 轴和 y 轴为 0，设置宽度高度都为 940mm，在"编辑填充"对话框中选择"渐变填充"，然后选择"线性渐变填充"进行调色填充，如图 12-4 所示。

操作四：选择"椭圆形工具"，按住 Ctrl 键绘制第三个圆，调整 x 轴和 y 轴为 0，设置宽度高度都为 921mm，在"编辑填充"对话框中选择"渐变填充"，然后选择"线性渐变填充"进行调色填充，如图 12-5 所示。

操作五：选择"椭圆形工具"，按住 Ctrl 键绘制第四个圆，调整 x 轴和 y 轴为 0，设置宽度高度都为 750mm，在"编辑填充"对话框中选择"渐变填充"，然后选择"线性渐变填充"进行调色填充，如图 12-6 所示。

操作六：选择"椭圆形工具"，按住 Ctrl 键绘制第五个圆，调整 x 轴和 y 轴为 0，设

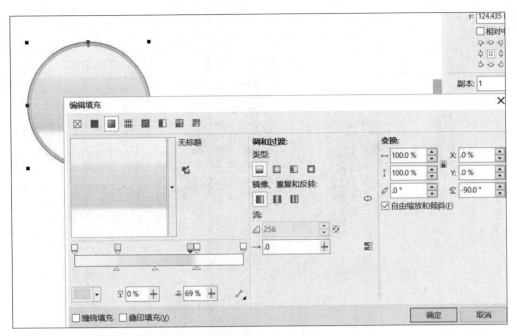

图 12-4　手表案例操作三

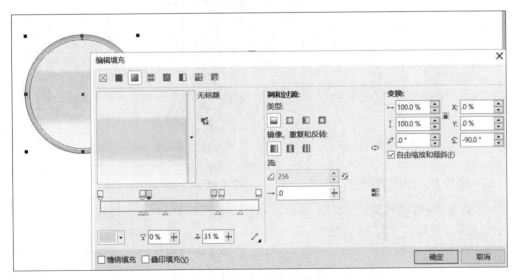

图 12-5　手表案例操作四

置宽度高度都为 720mm，在"编辑填充"对话框中选择"渐变填充"，然后选择"线性渐变填充"进行调色填充，如图 12-7 所示。

　　操作七：选择"直线连接器工具"绘制一条直线，然后选择"泊坞窗"→"变换"→"旋转"，设置旋转角度为 60°，副本为 1，进行旋转。选择正中间的一条直线删除它，然后每个四条直线删除一条，如图 12-8 所示。

　　操作八：选择"椭圆形工具"，按住 Ctrl 键绘制第六个圆，调整 x 轴和 y 轴为 0，设置宽度高度都为 700mm，在"编辑填充"对话框中选择白色进行填充，轮廓填充为黑色，如图 12-9 所示。

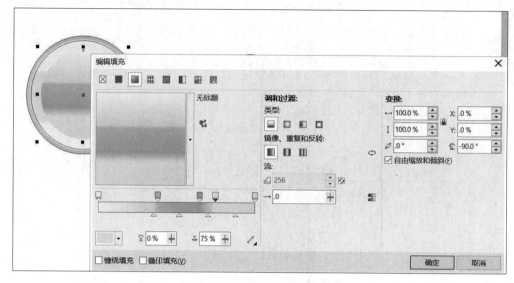

图 12-6　手表案例操作五

图 12-7　手表案例操作六

图 12-8　手表案例操作七

操作九：选择"椭圆形工具"，按住 Ctrl 键绘制一个圆，将其填充为黑色，然后选择绘制好的圆拖动，接着右击进行复制，再松开鼠标左键完成复制，连续复制其他的圆。接着编辑数字，选择"文本工具"编辑数字，先编辑第一个数字 12，选择编辑好的数字按快捷键 Ctrl＋C、Ctrl＋V，接着调整 x 轴和 y 轴的正负，即可准确得到数字 6 的位置，再单击"文本工具"修改数字 12 为 6。然后按这种方法编辑出其他数字，如图 12-10 所示。

图 12-9　手表案例操作八

图 12-10　手表案例操作九

操作十：单击"文本工具"编辑品牌名字，单击"矩形工具"绘制显示的窗口，如

图 12-11 所示。

操作十一：绘制指针，单击"矩形工具"绘制矩形，选择"形状工具"调整矩形的形状，如图 12-12 所示。

图 12-11　手表案例操作十

图 12-12　手表案例操作十一

操作十二：选择"椭圆形工具"，绘制如图 5-13 的两个表盘，再单击"文本工具"编辑数字，单击"矩形工具"绘制指针，如图 12-13 所示。

图 12-13　手表案例操作十二

操作十三：绘制表带和表冠，单击"矩形工具"，选择"形状工具"调整表带和表冠的形状，在"编辑填充"对话框中选择"渐变填充"，然后选择"线性渐变填充"进行调色填充，单击"选择工具"，框选绘制好的表带，右击选择"组合对象"进行组合，如图 12-14 所示。

操作十四：选择"选择工具"，选择绘制好的表带，按住 Shift 键向下拖动，接着右击进行复制，再松开鼠标左键完成复制，选择"垂直镜像"调整方向，最后单击"选择工具"，框选整个图形，右击选择"组合对象"进行组合，绘制完成，完成效果图如图 12-15 所示。

图 12-14　手表案例操作十三

图 12-15　手表案例完成效果图

12.2　案例二：打印机案例绘制

本节案例效果图如图 12-16 所示。

图 12-16　打印机案例效果图

操作一：新建一个空白文档，设置页面大小为 A4。

操作二：选择"矩形工具"，绘制一个矩形，选择"形状工具"调整矩形的形状，在"编辑填充"对话框中选择"渐变填充"，然后选择"线性渐变填充"进行调色填充，设置"轮廓宽度"为无，如图 12-17 所示。

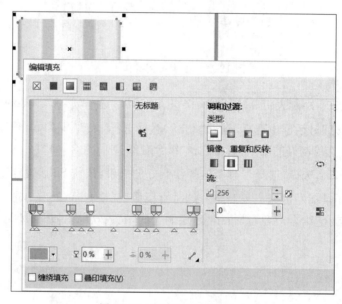

图 12-17　打印机案例操作二

操作三：选择"矩形工具"，绘制一个矩形，选择"形状工具"调整矩形的形状，在"编辑填充"对话框中选择"渐变填充"，然后选择"线性渐变填充"进行调色填充，设置"轮廓宽度"为无，如图 12-18 所示。

操作四：选择"矩形工具"，绘制两个矩形，选择"形状工具"调整矩形的形状，在"编辑填充"对话框中选择"渐变填充"，然后选择"线性渐变填充"进行调色填充，设置"轮廓宽度"为无，如图 12-19 所示。

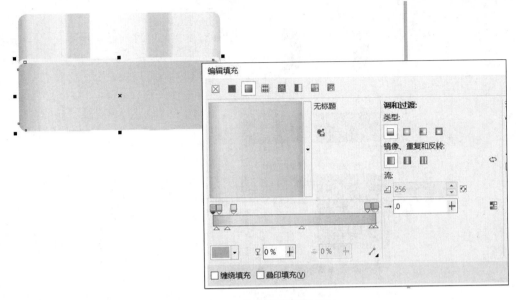

图 12-18　打印机案例操作三

图 12-19　打印机案例操作四

　　操作五：选择"矩形工具"，绘制一个矩形，选择"形状工具"调整矩形的形状，在"编辑填充"对话框中选择"渐变填充"，然后选择"线性渐变填充"进行调色填充，设置"轮廓宽度"为无，如图 12-20 所示。

　　操作六：选择"矩形工具"，绘制一个矩形，选择"形状工具"调整矩形的形状，在"编辑填充"对话框中选择"渐变填充"，然后选择"椭圆形渐变填充"进行调色填充设置"轮廓宽度"为无，如图 12-21 所示。

　　操作七：选择"矩形工具"，绘制一个矩形，选择"形状工具"调整矩形的形状，在"编辑填充"对话框中选择"渐变填充"，然后选择"线性渐变填充"进行调色填充，设置"轮廓宽度"为无，如图 12-22 所示。

　　操作八：选择"椭圆工具"，按住 Ctrl 键绘制两个圆，在"编辑填充"对话框中选择"渐变填充"，然后选择"椭圆形渐变填充"进行调色填充，如图 12-23 所示。

　　操作九：最后选择"选择工具"，框选整个图形，右击选择"组合对象"进行组合，设置"轮廓宽度"为无，绘制完成，完成效果图如图 12-24 所示。

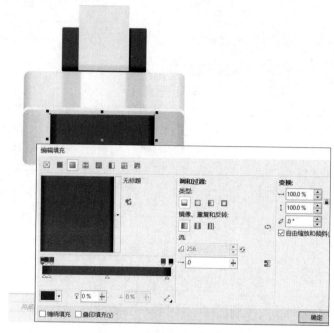

图 12-20 打印机案例操作五

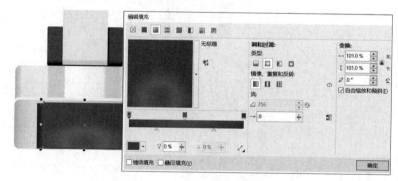

图 12-21 打印机案例操作六

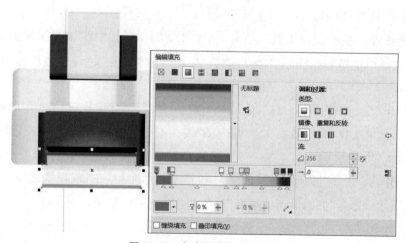

图 12-22 打印机案例操作七

图 12-23　打印机案例操作八

图 12-24　打印机案例完成效果图

12.3　案例三：电水壶案例绘制

本节案例效果图如图 12-25 所示。

图 12-25　电水壶案例效果图

操作一：新建一个空白文档，设置页面大小为 A4。

操作二：绘制壶身，选择"矩形工具"，绘制一个矩形，选择"形状工具"调整矩形的形状，在"编辑填充"对话框中选择"渐变填充"，然后选择"线性渐变填充"进行调色填充，设置"轮廓宽度"为无，如图 12-26 所示。

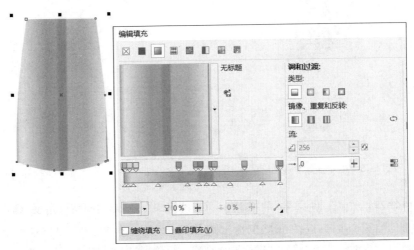

图 12-26　电水壶案例操作二

操作三：绘制底座,选择"矩形工具",绘制一个矩形,选择"形状工具"调整矩形的形状,在"编辑填充"对话框中选择"渐变填充",然后选择"线性渐变填充"进行调色填充,设置"轮廓宽度"为无,如图12-27所示。

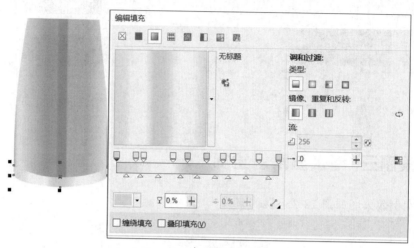

图12-27　电水壶案例操作三

操作四：选择"椭圆工具",选择"饼图",在"起始和结束角度"调整为0～180°的角度,绘制一个半圆,选择"形状工具"调整半圆的形状,在"编辑填充"对话框中选择"渐变填充",然后选择"线性渐变填充"进行调色填充。接下来绘制壶身与壶盖衔接的地方,选择"矩形工具",绘制一个矩形,选择"形状工具"调整矩形的形状,在"编辑填充"对话框中选择"渐变填充",然后选择"线性渐变填充"进行调色填充,设置"轮廓宽度"为无,如图12-28所示。

操作五：绘制壶嘴,选择"矩形工具",绘制一个矩形,选择"形状工具"调整矩形的形状,在"编辑填充"对话框中选择"渐变填充",然后选择"线性渐变填充"进行调色填充,设置"轮廓宽度"为无,如图12-29所示。

图12-28　电水壶案例操作四

图12-29　电水壶案例操作五

操作六：绘制手柄,选择"椭圆工具",选择"饼图",在"起始和结束角度"调整为0～180°的角度,分别绘制三个半圆,选择"形状工具"调整半圆的形状,在"编辑填充"对话框中选择"渐变填充",然后选择"线性渐变填充"分别进行调色填充。设置"轮廓宽度"为无,如图12-30所示。

操作七：绘制按钮，选择"椭圆工具"，绘制椭圆，选择"形状工具"调整椭圆的形状，在"编辑填充"对话框中选择"渐变填充"，然后选择"线性渐变填充"分别进行调色填充，设置"轮廓宽度"为无，如图12-31所示。

图12-30　电水壶案例操作六　　　　　　　图12-31　电水壶案例操作七

操作八：最后选择"选择工具"，框选整个图形，右击选择"组合对象"进行组合，设置"轮廓宽度"为无，绘制完成，完成效果图如图12-25所示。

12.4　案例四：电动搅拌机案例绘制

本节案例效果图如图12-32所示。

操作一：新建一个空白文档，设置页面大小为A4。

操作二：选择"矩形工具"，绘制一个矩形，选择"形状工具"单击绘制好的矩形，右击选择"转化为曲线"，调整矩形的形状，在"编辑填充"对话框中选择"渐变填充"，然后选择"线性渐变填充"进行调色填充，设置"轮廓宽度"为无，如图12-33所示。

图12-32　电动搅拌机案例效果图

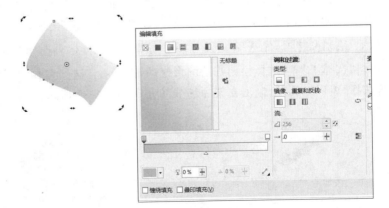

图12-33　电动搅拌机案例操作二

操作三：单击"选择工具"，选择操作二绘制好的图形拖动，接着右击进行复制，再松开左键完成复制。在"编辑填充"对话框中选择"渐变填充"，然后选择"线性渐变填充"进行调色填充，设置"轮廓宽度"为无，如图 12-34 所示。

图 12-34　电动搅拌机案例操作三

操作四：选择"椭圆工具"，分别绘制两个椭圆，选择大的椭圆在"编辑填充"对话框中选择"渐变填充"，然后选择"线性渐变填充"进行调色填充，将小的椭圆填充为白色，设置二者的"轮廓宽度"为无，如图 12-35 所示。

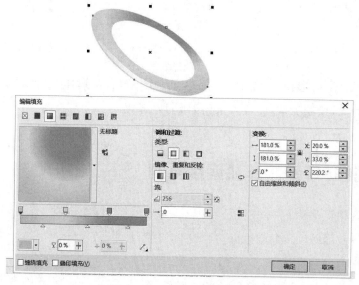

图 12-35　电动搅拌机案例操作四

操作五：绘制高光，选择"椭圆工具"，绘制一个椭圆，再选择"形状工具"，单击绘制好的椭圆，右击选择"转化为曲线"，调整形状，在"编辑填充"对话框中选择白色进行填充。接下来绘制手柄，先选择"矩形工具"，绘制两个矩形，选择"形状工具"单击绘制好的矩形，右击选择"转化为曲线"，调整矩形的形状，在"编辑填充"对话框中选择色标值为（C:100 M:96 Y:67 K:58）和（C:87 M:71 Y:42 K:4）分别进行填充，设置"轮廓宽度"为无，如图 12-36 所示。

操作六：绘制搅拌器，先选择"矩形工具"，绘制一个矩形，再选择"形状工具"调整矩形的形状，单击"选择工具"，选择绘制好的图形拖动，接着右击进行复制，再松开左键完成复制。接着再选择"矩形工具"绘制出支架和细节部分，如图 12-37 所示。

图 12-36　电动搅拌机案例操作五

图 12-37　电动搅拌机案例操作六

操作七：绘制散热口，选择"矩形工具"，绘制一个矩形，选择"形状工具"调整矩形的形状，在"编辑填充"对话框中选择色标值为(C:100 M:96 Y:67 K:58)进行填充，再选择绘制好的矩形，按住 Shift 键水平向下拖动，接着右击进行复制，再松开左键完成复制，连续复制四个。然后选择"椭圆工具"，选择"弧"，绘制一条弧线，提升产品美感，最后单击"选择工具"，框选整个图形，右击选择"组合对象"进行组合，设置"轮廓宽度"为无，绘制完成，完成效果图如图 12-32 所示。

12.5 案例五：电饭煲案例绘制

本节案例效果图如图 12-38 所示。

操作一：新建一个空白文档，设置页面大小为 A4。

操作二：选择"矩形工具"，绘制一个矩形，选择"椭圆工具"，绘制一个椭圆，使两者相交，选择"移除前面对象"，在"编辑填充"对话框中选择"渐变填充"，然后选择"线性渐变填充"进行调色填充，设置"轮廓宽度"为无，如图 12-39 所示。

图 12-38 电饭煲案例效果图

图 12-39 电饭煲案例操作二

操作三：选择"椭圆工具"，绘制一个椭圆，在"编辑填充"对话框中选择"渐变填充"，然后选择"线性渐变填充"进行调色填充，设置"轮廓宽度"为无。选择"矩形工具"，绘制一个矩形，选择"形状工具"调整矩形的形状，在"编辑填充"对话框中选择色标值为(C:0，M:0，Y:0，K:100)进行填充，如图 12-40 所示。

操作四：绘制功能按钮，选择"矩形工具"，绘制一个矩形，在"编辑填充"对话框中选择"渐变填充"，然后选择"线性渐变填充"进行调色填充，设置"轮廓宽度"为无，选择"椭圆工具"，按住 Ctrl 键绘制一个圆，在"编辑填充"对话框中选择白色进行填充，然后选择绘制好的圆进行复制，如图 12-41 所示。

操作五：绘制锅盖把手，选择"矩形工具"，分别绘制四个矩形，选择"形状工具"调整矩形的形状，在"编辑填充"对话框中选择"渐变填充"，然后选择"线性渐变填充"进行调色填充，设置"轮廓宽度"为无，如图 12-42 所示。

操作六：绘制两端把手，选择"矩形工具"，绘制一个矩形，选择"形状工具"，右击选择"转化为曲线"调整矩形的形状，在"编辑填充"对话框中选择"渐变填充"，然后选择"线性渐变填充"进行调色填充，设置"轮廓宽度"为无，再选择"矩形工具"，绘制一个矩形作为凹

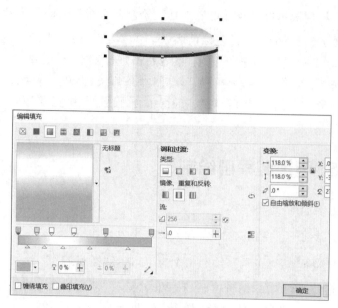

图 12-40 电饭煲案例操作三

槽,在"编辑填充"对话框中选择色标值为(C:100,M:88,Y:64,K:43)进行填充,设置"轮廓宽度"为无,单击"选择工具",框选整个把手,右击选择"组合对象"进行组合,最后鼠标左键选择把手向左拖动,右击进行复制,再松开左键完成复制,如图 12-43 所示。

图 12-41 电饭煲案例操作四

图 12-42 电饭煲案例操作五

图 12-43 电饭煲案例操作六

操作七:最后单击"选择工具",框选整个图形,右击选择"组合对象"进行组合,设置"轮廓宽度"为无,绘制完成,完成效果图如图 12-38 所示。

12.6 案例六:豆浆机案例绘制

本节案例效果图如图 12-44 所示。

操作一:新建一个空白文档,设置页面大小为 A4。

操作二:绘制外轮廓图,选择"矩形工具",绘制矩形,选择"形状工具",右击选择"转化为曲线"调整矩形的形状,如图 12-45 所示。

图 12-44　豆浆机案例效果图

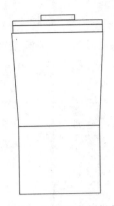

图 12-45　豆浆机案例操作二

操作三：选择"选择工具"，选择绘制的豆浆机底座图形，在"编辑填充"对话框中选择"渐变填充"，然后选择"线性渐变填充"进行调色填充，如图 12-46 所示。

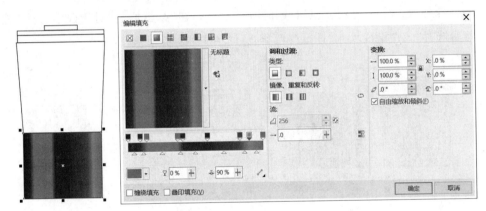

图 12-46　豆浆机案例操作三

操作四：选择"矩形工具"，绘制一个矩形，与上一个矩形左右两边重合，选择绘制的矩形，在"编辑填充"对话框中选择"渐变填充"，然后选择"线性渐变填充"进行调色填充，如图 12-47 所示。

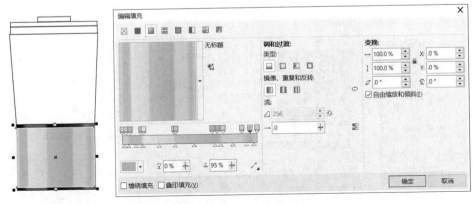

图 12-47　豆浆机案例操作四

操作五：选择"选择工具"，选择绘制的豆浆机瓶身，在"编辑填充"对话框中选择"渐变填充"，然后选择"线性渐变填充"进行调色填充，如图 12-48 所示。

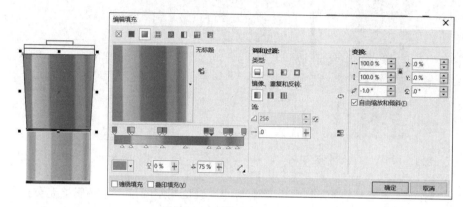

图 12-48　豆浆机案例操作五

操作六：选择"选择工具"，选择绘制的矩形，在"编辑填充"对话框中选择"渐变填充"，然后选择"线性渐变填充"进行调色填充，如图 12-49 所示。

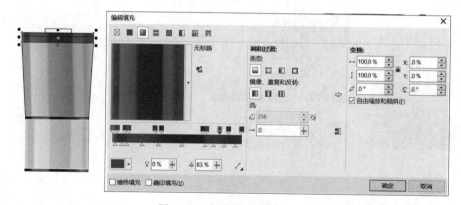

图 12-49　豆浆机案例操作六

操作七：选择"选择工具"，选择绘制的豆浆机盖，在"编辑填充"对话框中选择"渐变填充"，然后选择"线性渐变填充"进行调色填充，如图 12-50 所示。

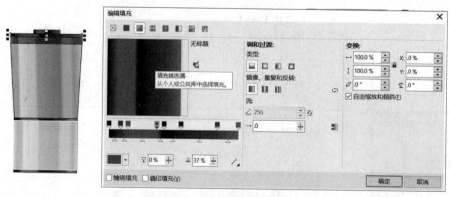

图 12-50　豆浆机案例操作七

操作八：选择"选择工具"，选择绘制的盖子上的手柄，在"编辑填充"对话框中选择"渐变填充"，然后选择"线性渐变填充"进行调色填充，如图 12-51 所示。

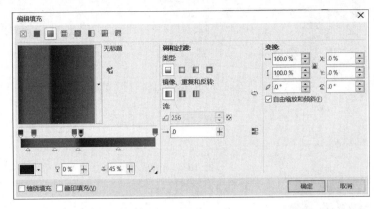

图 12-51 豆浆机案例操作八

操作九：选择"椭圆工具"，按住 Ctrl 键，绘制一个圆，在"编辑填充"对话框中选择色标值为（C:38 M:32 Y:25 K:0）进行填充，设置"轮廓宽度"为无，如图 12-52 所示。

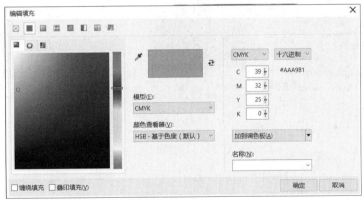

图 12-52 豆浆机案例操作九

操作十：选择"选择工具"，选择操作九绘制的椭圆，左键选择框一角向中心缩放，右击进行复制，再松开左键完成复制，在"编辑填充"对话框中选择"渐变填充"，然后选择"线性渐变填充"进行调色填充，如图 12-53 所示。

操作十一：选择"椭圆工具"，按住 Ctrl 键，绘制一个圆，在"编辑填充"对话框中选择色标值为（C:93 M:83 Y:51 K:19）进行填充，如图 12-54 所示。

操作十二：选择"矩形工具"，绘制一个矩形，在"编辑填充"对话框中选择"渐变填充"，然后选择"线性渐变填充"进行调色填充，设置"轮廓宽度"为无，如图 12-55 所示。

操作十三：选择"椭圆工具"，按住 Ctrl 键，绘制一个圆，在"编辑填充"对话框中选择色标值为（C:100 M:97 Y:66 K:52）进行填充，设置"轮廓宽度"为无，单击绘制好的圆，右击进行复制，再松开左键完成复制，连续复制出其他的圆形，移动到合适的位置，如图 12-56 所示。

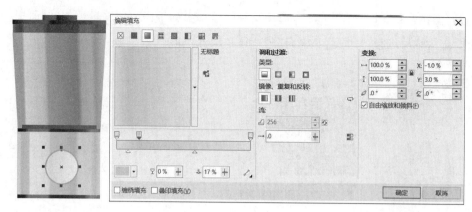

图 12-53　豆浆机案例操作十

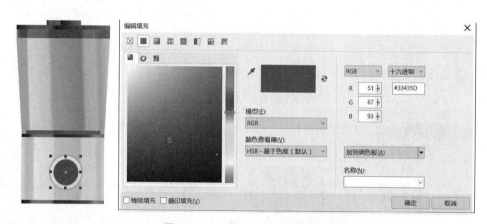

图 12-54　豆浆机案例操作十一

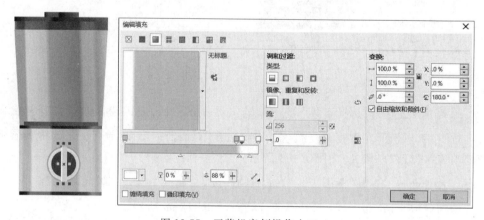

图 12-55　豆浆机案例操作十二

操作十四： 绘制手柄，选择"矩形工具"，绘制两个矩形，使其相交，选择"移除前面对象"，在"编辑填充"对话框中选择"渐变填充"，然后选择"线性渐变填充"进行调色填充，设置"轮廓宽度"为无，如图 12-57 所示。

操作十五：绘制刻度表，选择"手绘工具"，绘制刻度线，选择"文本工具"添加数字，最后单击"选择工具"，框选整个图形，右击选择"组合对象"进行组合，绘制完成，完成效果图如图 12-58 所示。

图 12-56　豆浆机案例
操作十三

图 12-57　豆浆机案例
操作十四

图 12-58　豆浆机案例
完成效果图

12.7　案例七：化妆瓶案例绘制

本节案例效果图如图 12-59 所示。

操作一：新建一个空白文档，设置页面大小为 A4。

操作二：绘制瓶身，选择"矩形工具"，绘制一个矩形，选择"形状工具"，右击选择"转化为曲线"调整矩形的形状，在"编辑填充"对话框中选择"渐变填充"，然后选择"线性渐变充"进行调色填充，如图 12-60 所示。

图 12-59　化妆瓶案例效果图

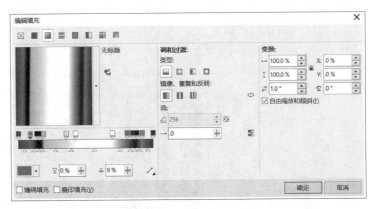

图 12-60　化妆瓶案例操作二

操作三：选择"矩形工具"，绘制五个矩形，选择"形状工具"，右击选择"转化为曲线"调整矩形的形状和大小，在"编辑填充"对话框中选择色标值依次为(C:9,M:7,Y:7,K:0)、(C:45,M:37,Y:35,K:0)、(C:0,M:0,Y:0,K:0)、(C:27,M:21,Y:20,K:0)和(C:69,

M:61,Y:58,K:9)进行填充,如图 12-61 所示。

操作四:选择"矩形工具",绘制一个矩形,选择"形状工具",右击选择"转化为曲线"调整矩形的形状和大小,在"编辑填充"对话框中选择白色进行填充,如图 12-62 所示。

图 12-61　化妆瓶案例操作三

图 12-62　化妆瓶案例操作四

操作五:选择"矩形工具",绘制一个矩形,选择"形状工具",右击选择"转化为曲线"调整矩形的形状,在"编辑填充"对话框中选择"渐变填充",然后选择"线性渐变填充"进行调色填充,如图 12-63 所示。

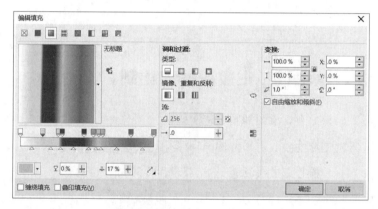

图 12-63　化妆瓶案例操作五

操作六:选择"矩形工具",绘制一个矩形,选择"形状工具",右击选择"转化为曲线"调整矩形的形状,在"编辑填充"对话框中选择"渐变填充",然后选择"线性渐变填充"进行调色填充,如图 12-64 所示。

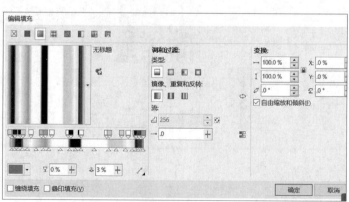

图 12-64　化妆瓶案例操作六

操作七：绘制瓶盖，选择"矩形工具"，绘制一个矩形，选择"形状工具"，右击选择"转化为曲线"调整矩形的形状，在"编辑填充"对话框中选择"渐变填充"，然后选择"线性渐变填充"进行调色填充，如图 12-65 所示。

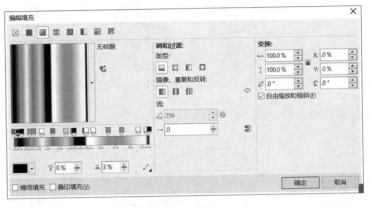

图 12-65　化妆瓶案例操作七

操作八：选择"矩形工具"，绘制一个矩形，选择"形状工具"，右击选择"转化为曲线"调整矩形的形状，在"编辑填充"对话框中选择"渐变填充"，然后选择"线性渐变填充"进行调色填充，如图 12-66 所示。

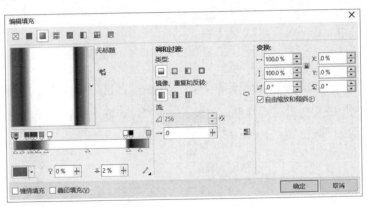

图 12-66　化妆瓶案例操作八

操作九：最后选择"选择工具"，框选整个图形，右击选择"组合对象"进行组合，绘制完成，完成效果图如图 12-59 所示。

12.8　案例八：冰箱案例绘制

本节案例效果图如图 12-67 所示。

操作一：新建一个空白文档，设置页面大小为 A4。

操作二：选择"矩形工具"，绘制一个矩形，选择"形状工具"，右击选择"转化为曲线"调整矩形的形状，在"编辑填充"对话框中选择"渐变填充"，然后选择"椭圆形渐变填充"

图 12-67 冰箱案例效果图

进行调色填充,如图 12-68 所示。

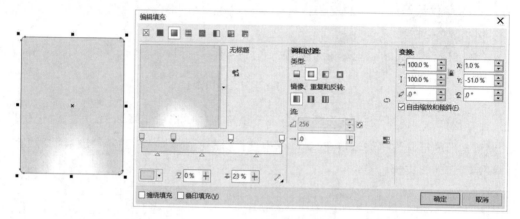

图 12-68 冰箱案例二

操作三:选择绘制好的矩形底边,鼠标左键单击向上拖动到合适位置,再右击进行复制,松开左键完成绘制,在"编辑填充"对话框中选择"渐变填充",然后选择"椭圆形渐变填充"进行调色填充,如图 12-69 所示。

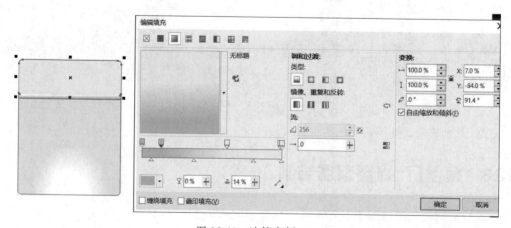

图 12-69 冰箱案例三

操作四:选择"矩形工具",绘制一个矩形,选择"形状工具",右击选择"转化为曲线"调整矩形的形状,在"编辑填充"对话框中选择"渐变填充",然后选择"线性渐变填充"进行调色填充,设置"轮廓宽度"为无,如图 12-70 所示。

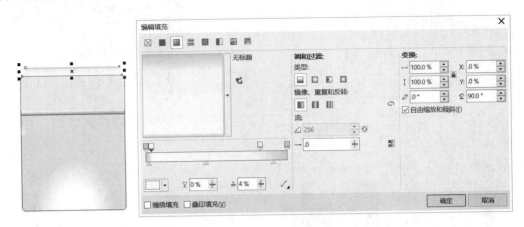

图 12-70 冰箱案例操作四

操作五:选择"矩形工具",绘制一个矩形,选择"形状工具",右击选择"转化为曲线"调整矩形的形状,在"编辑填充"对话框中选择"渐变填充",然后选择"线性渐变填充"进行调色填充,设置"轮廓宽度"为无,如图 12-71 所示。

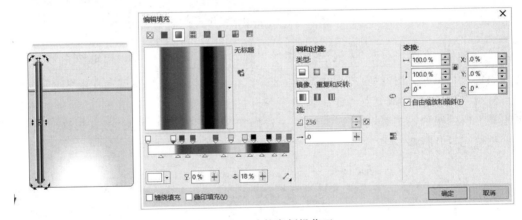

图 12-71 冰箱案例操作五

操作六:选择"矩形工具",绘制一个矩形,在"编辑填充"对话框中选择白色进行填充,设置"轮廓宽度"为无,如图 12-72 所示。

操作七:选择"矩形工具",绘制一个矩形,在"编辑填充"对话框中选择黑色进行填充,设置"轮廓宽度"为无,选择绘制好黑色矩形,选择选框一角按住鼠标左键向中心缩放,再右击进行复制,松开左键完成复制,在"编辑填充"对话框中选择色标值(C:10,M:9,Y:7,K:0)进行填充,如图 12-73 所示。

操作八:选择"矩形工具",绘制一个矩形,在"编辑填充"对话框中选择"渐变填充",然后选择"线性形渐变填充"进行调色填充,如图 12-74 所示。

图 12-72　冰箱案例操作六

图 12-73　冰箱案例操作七

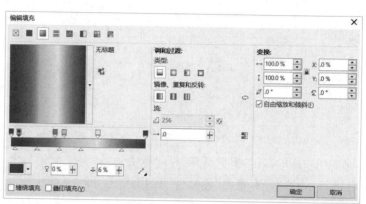

图 12-74　冰箱案例操作八

操作九：绘制显示屏，先选择"矩形工具"，绘制一个矩形，在"编辑填充"对话框中选择黑色进行填充，选择绘制好黑色矩形，选择选框一角按住鼠标左键向中心缩放，再右击进行复制，松开左键完成复制，在"编辑填充"对话框中选择白色进行填充，以同样的方式复制出最上层的矩形，在"编辑填充"对话框中选择"渐变填充"，然后选择"线性形渐变填充"进行调色填充，如图 12-75 所示。

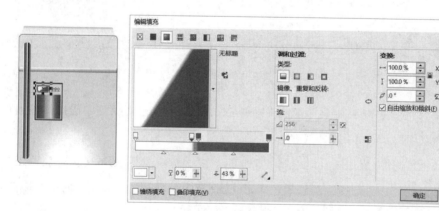

图 12-75　冰箱案例操作九

操作十：选择"椭圆工具"，选择"饼图"，绘制一个半圆，在"编辑填充"对话框中选择"渐变填充"，然后选择"线性形渐变填充"进行调色填充，选择绘制好黑色矩形，选择选框一角按住鼠标左键向中心缩放,再右击进行复制,松开左键完成复制,如图 12-76 和图 12-77 所示。

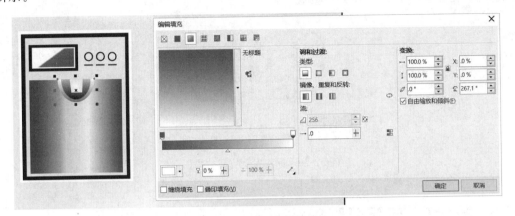

图 12-76 冰箱案例操作十

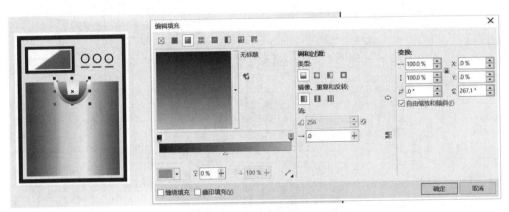

图 12-77 冰箱案例操作十

操作十一:选择"矩形工具",绘制一个矩形,选择"形状工具",在"编辑填充"对话框中选择"渐变填充",然后选择"线性形渐变填充"进行调色填充,如图 12-78 所示。

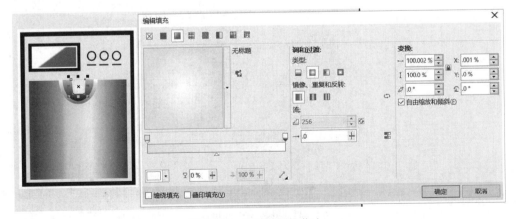

图 12-78 冰箱案例操作十一

操作十二：最后单击"选择工具"，框选整个图形，右击选择"组合对象"进行组合，绘制完成，完成效果图如图 12-79 所示。

图 12-79　冰箱案例完成效果图

12.9　案例九：洗衣机案例绘制

本节案例效果图如图 12-80 所示。

图 12-80　洗衣机案例效果图

操作一：新建一个空白文档，设置页面大小为 A4。

操作二：选择"矩形工具"，绘制一个矩形，选择"形状工具"，右击选择"转化为曲线"调整矩形的形状，在"编辑填充"对话框中选择"渐变填充"，然后选择"线性渐变填充"进行调色填充，如图 12-81 所示。

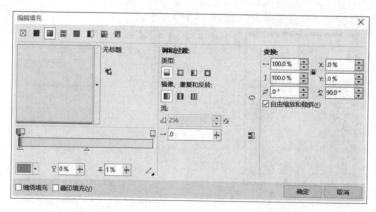

图 12-81　洗衣机案例操作二

操作三：选择"选择工具"，选择已经绘制好的矩形底边，单击向上拖动到合适位置，再右击进行复制，松开左键完成复制，如图 12-82 所示。

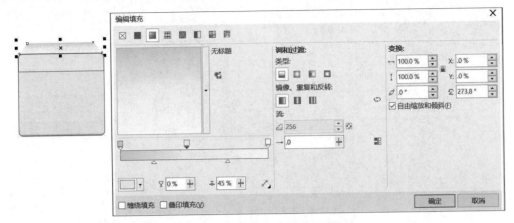

图 12-82　洗衣机案例操作三

操作四：选择"椭圆工具"，按住 Ctrl 键绘制一个圆，在"编辑填充"对话框中选择"渐变填充"，然后选择"椭圆形渐变填充"进行调色填充，设置"轮廓宽度"为无，如图 12-83 所示。

操作五：选择"椭圆工具"，按住 Ctrl 键绘制一个圆，在"编辑填充"对话框中选择色标值为(C:1,M:0,Y:0,K:0)进行填充，如图 12-84 所示。

操作六：选择"椭圆工具"，按住 Ctrl 键绘制一个圆，在"编辑填充"对话框中选择"渐变填充"，然后选择"椭圆形渐变填充"进行调色填充，如图 12-85 所示。

图 12-83　洗衣机案例操作四　　图 12-84　洗衣机案例操作五　　图 12-85　洗衣机案例操作六

操作七：选择"椭圆工具"，按住 Ctrl 键绘制一个圆，在"编辑填充"对话框中选择"渐变填充"，然后选择"椭圆形渐变填充"进行调色填充，设置"轮廓宽度"为无，如图 12-86 所示。

操作八：选择"椭圆工具"，按住 Ctrl 键绘制一个圆，在"编辑填充"对话框中选择"渐变填充"，然后选择"椭圆形渐变填充"进行调色填充，设置"轮廓宽度"为无，如图 12-87 所示。

操作九：选择"椭圆工具"，选择"饼图"，在"起始和结束角度"调整为 0～180°的角度，绘制一个半圆，在"编辑填充"对话框中选择"渐变填充"，然后选择"椭圆形渐变填充"进行调色填充，设置"轮廓宽度"为无，如图 12-88 所示。

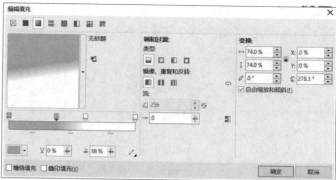

图 12-86　洗衣机案例操作七

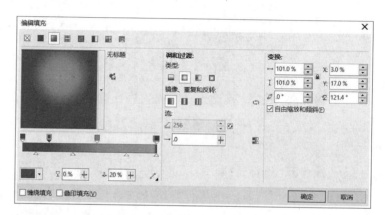

图 12-87　洗衣机案例操作八

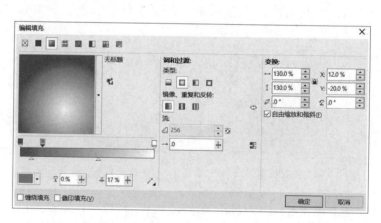

图 12-88　洗衣机案例操作九

操作十：选择"椭圆工具"，绘制水珠和反光，在"编辑填充"对话框中选择"渐变填充"，然后选择"椭圆形渐变填充"进行调色填充，如图 12-89 所示。

操作十一：选择"矩形工具"，绘制矩形，选择"形状工具"，右击选择"转化为曲线"调整矩形的形状，再单击选择"椭圆工具"，选择"饼图"，在"起始和结束角度"调整为 0 ～ 180°的角度，绘制一个半圆，在"编辑填充"对话框中选择"渐变填充"，然后选择"线性渐变填

图 12-89　洗衣机案例操作十

充"进行调色填充。选择"矩形工具",绘制矩形,将其填充为黑色,单击绘制好的矩形,鼠标左键拖动矩形一角向中心缩放,再右击进行复制,松开左键完成复制,单击复制好的矩形,在"编辑填充"对话框中选择"渐变填充",然后选择"线性渐变填充"进行调色填充,如图 12-90 所示。

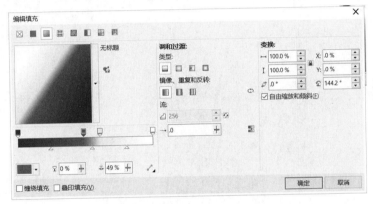

图 12-90　洗衣机案例操作十一

操作十二：选择"椭圆工具"和"矩形工具",绘制按钮,最后单击"选择工具",框选整个图形,右击选择"组合对象"进行组合,绘制完成,完成效果图如图 12-91 所示。

图 12-91　洗衣机案例完成效果图

12.10　案例十：便携音乐播放器案例绘制

本节案例效果图如图 12-92 所示。

操作一：新建一个空白文档,设置页面大小为 A4。

操作二：选择"矩形工具",绘制一个矩形,选择"形状工具",调整矩形四个角的形

图 12-92　便携音乐播放器案例效果图

状,在"编辑填充"对话框中选择色标值为(C:63,M:16,Y:82,K:0)进行填充,设置"轮廓宽
度"为无,如图 12-93 所示。

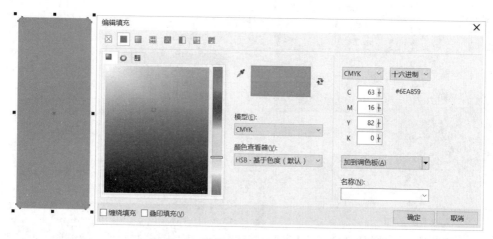

图 12-93　便携音乐播放器案例操作二

操作三:选择"选择工具",选择操作二绘制的矩形单击左键向上拖动,右击进行复
制,再松开左键完成复制,调整矩形的大小,在"编辑填充"对话框中选择"渐变填充",然后选
择"椭圆渐变填充"进行调色填充,设置"轮廓宽度"为无,如图 12-94 所示。

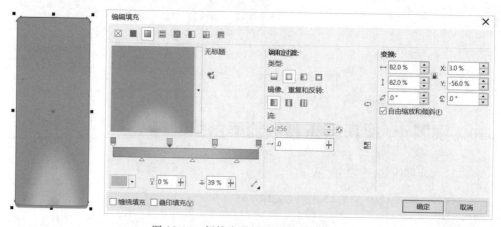

图 12-94　便携音乐播放器案例操作三

操作四：选择"矩形工具"，绘制一个矩形，选择"形状工具"，调整矩形四个角的形状，调整矩形的大小，在"编辑填充"对话框中选择"渐变填充"，然后选择"线性渐变填充"进行调色填充，设置"轮廓宽度"为无，如图 12-95 所示。

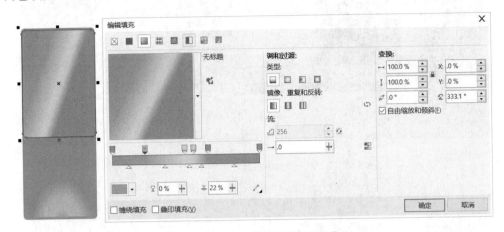

图 12-95　便携音乐播放器案例操作四

操作五：选择"矩形工具"，绘制一个矩形，选择"形状工具"，调整矩形四个角的形状，调整矩形的大小，在"编辑填充"对话框中选择"渐变填充"，然后选择"线性渐变填充"进行调色填充，设置"轮廓宽度"为无，如图 12-96 所示。

操作六：选择"矩形工具"，绘制一个矩形，选择"形状工具"，调整矩形四个角的形状，调整矩形的大小，在"编辑填充"对话框中选择白色进行填充，设置"轮廓宽度"为无，如图 12-97 所示。

操作七：选择"选择工具"，选择操作六绘制的矩形，单击左键向中心缩放到合适大小，右击进行复制，再松开左键完成复制，在"编辑填充"对话框中选择"渐变填充"，然后选择"线性渐变填充"进行调色填充，设置"轮廓宽度"为无，如图 12-98 所示。

图 12-96　便携音乐播放器案例操作五

操作八：选择"选择工具"，选择操作七绘制的矩形，单击左键向中心缩放到合适大小，右击进行复制，再松开左键完成复制，调整它的位置，在"编辑填充"对话框中选择"渐变填充"，然后选择"线性渐变填充"进行调色填充，设置"轮廓宽度"为无，如图 12-99 所示。

操作九：选择"矩形工具"，绘制一个矩形，选择"形状工具"，选择矩形，右击选择"转化为曲线"调整形状，在"编辑填充"对话框中选择"渐变填充"，然后选择"线性渐变填充"进行调色填充，设置"轮廓宽度"为无，如图 12-100 所示。

操作十：选择"矩形工具"，绘制一个矩形，选择"形状工具"，选择矩形右击选择"转化为曲线"调整形状，在"编辑填充"对话框中选择"渐变填充"，然后选择"线性渐变填充"进

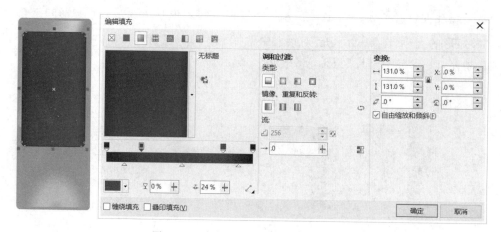

图 12-97　便携音乐播放器案例操作六

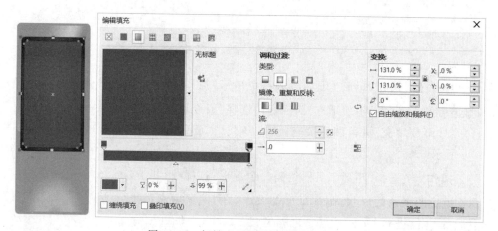

图 12-98　便携音乐播放器案例操作七

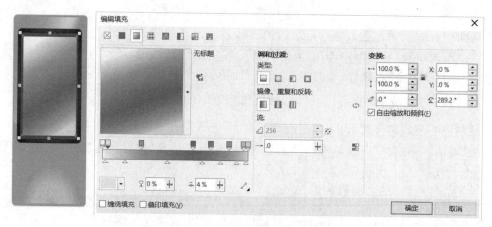

图 12-99　便携音乐播放器案例操作八

行调色填充。设置"轮廓宽度"为无,如图 12-101 所示。

　　操作十一:选择"矩形工具",绘制一个矩形,选择"形状工具",选择矩形,右击选择

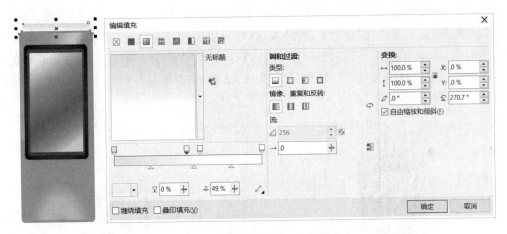

图 12-100　便携音乐播放器案例操作九

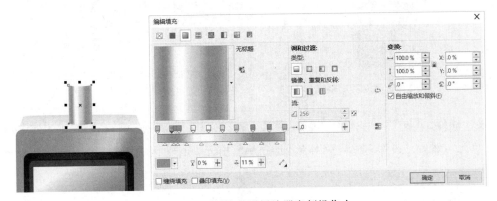

图 12-101　便携音乐播放器案例操作十

"转化为曲线"调整形状,在"编辑填充"对话框中选择"渐变填充",然后选择"线性渐变填充"进行调色填充,设置"轮廓宽度"为无,如图 12-102 所示。

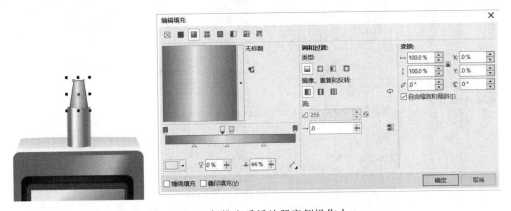

图 12-102　便携音乐播放器案例操作十一

操作十二:绘制按键,先选择"矩形工具",绘制上下键,选择"多边形工具"绘制暂停键和左右键,在"编辑填充"对话框中选择白色进行填充,设置"轮廓宽度"为无,如图 12-103 所示。

操作十三：绘制电量图和添加文字，选择"矩形工具"绘制一个矩形，选择"形状工具"，选择矩形，右击选择"转化为曲线"调整形状，设置轮廓线为白色，再选择"矩形工具"绘制一个矩形，选择"形状工具"，选择矩形，右击选择"转化为曲线"调整形状，在"编辑填充"对话框中选择白色进行填充，设置"轮廓宽度"为无，选择"文本工具"，添加文字，设置字体颜色为白色，如图 12-104 所示。

图 12-103　便携音乐播放器案例操作十二　　　图 12-104　便携音乐播放器案例操作十三

操作十四：绘制耳机线，选择"钢笔工具"绘制耳机线，在"编辑填充"对话框中选择"渐变填充"，然后选择"线性渐变填充"进行调色填充，设置"轮廓宽度"为无，如图 12-105 所示。

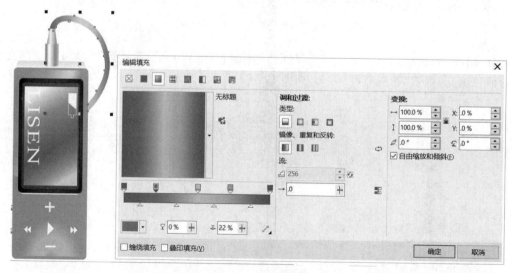

图 12-105　便携音乐播放器案例操作十四

操作十五：绘制耳机，选择"椭圆工具"，绘制一个椭圆，在"编辑填充"对话框中选择"渐变填充"，然后选择"椭圆渐变填充"进行调色填充，设置"轮廓宽度"为无，如图 12-106 所示。

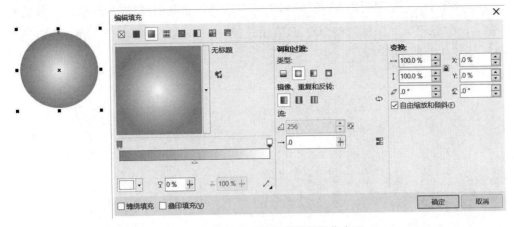

图 12-106 便携音乐播放器案例操作十五

操作十六：选择"椭圆工具"，绘制一个椭圆，在"编辑填充"对话框中选择"渐变填充"，然后选择"椭圆渐变填充"进行调色填充，设置"轮廓宽度"为无，如图 12-107 所示。

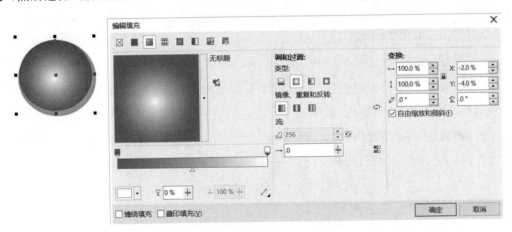

图 12-107 便携音乐播放器案例操作十六

操作十七：选择"椭圆工具"，绘制一个椭圆，在"编辑填充"对话框中选择"渐变填充"，然后选择"椭圆渐变填充"进行调色填充，设置"轮廓宽度"为无，以同样的方式绘制出其他椭圆并调色填充，如图 12-108 所示。

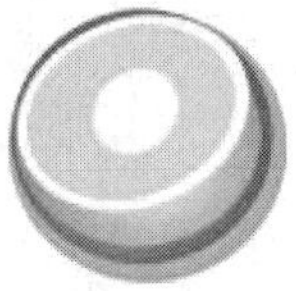

操作十八：选择"矩形工具"绘制一个矩形，选择"形状工具"，选择矩形后，右击选择"转化为曲线"调整形状，在"编辑填充"对话框中选择"渐变填充"，然后选择"椭圆渐变填充"进行调色填充，设置"轮廓宽度"为无，框选绘制好的耳机，右击选择组合对象，鼠标左键选择耳机拖动，右击进行复制，再松开左键完成复制，如图 12-109 所示。

图 12-108 便携音乐播放器案例操作十七

操作十九：绘制阴影，选择"阴影工具"，选择要绘制阴影的图形，拖动出合适的角度，最后单击"选择工具"，框选整个图形，右击选择"组合对象"进行组合，绘制完成，完成效果图如图 12-110 所示。

图 12-109　便携音乐播放器案例操作十八　　　图 12-110　便携音乐播放器案例完成效果图

12.11　案例十一：耳用体温计案例绘制

本节案例效果图如图 12-111 所示。

操作一：新建一个空白文档，设置页面大小为 A4。

操作二：选择"矩形工具"和"椭圆工具"，绘制外轮廓，选择"形状工具"，右击选择"转化为曲线"调整矩形的形状，如图 12-112 所示。

操作三：在"编辑填充"对话框中选择色标值为（C：29 M：23 Y：22 K：0）和（C：16 M：11 Y：10 K：0）进行填充，如图 12-113 所示。

图 12-111　耳用体温计　　　图 12-112　耳用体温计　　　图 12-113　耳用体温计
　　　　　案例效果图　　　　　　　　案例操作二　　　　　　　　案例操作三

操作四：选择"选择工具"，左键选择操作二绘制的矩形拖动，右击进行复制，再松开左键完成复制，选择"形状工具"调整形状，在"编辑填充"对话框中选择"渐变填充"，然后选择"线性渐变填充"进行调色填充。连续复制三个矩形，分别调整它们的形状和位置，在"编辑填充"对话框中进行调色填充，如图 12-114 所示。

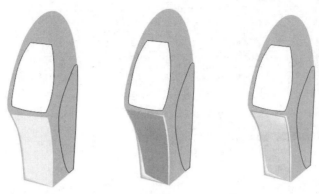

图 12-114 耳用体温计案例操作四

操作五：单击"选择工具"，选择操作二绘制的图形在"编辑填充"对话框中将其填充为白色，如图 12-115 所示。

操作六：鼠标左键选择操作四绘制的图形拖动，右击进行复制，再松开左键完成复制，选择"形状工具"调整形状，在"编辑填充"对话框中选择"渐变填充"，然后选择"线性渐变填充"进行调色填充。连续复制两个矩形，分别调整它们的形状和位置，在"编辑填充"对话框中进行调色填充，如图 12-116 所示。

图 12-115 耳用体温计案例操作五　　　　图 12-116 耳用体温计案例操作六

操作七：绘制显示屏，选择"矩形工具"绘制一个矩形，选择"形状工具"右击选择"转化为曲线"调整形状，在"编辑填充"对话框中选择"渐变填充"，然后选择"线性渐变填充"进行调色填充，选择绘制好的矩形鼠标左键拖动向中心缩放，再右击进行复制，松开左键完成复制，调整位置，在"编辑填充"对话框中选择色标值为（C：49，M：40，Y：38，K：0），如图 12-117 所示。

操作八：选择"椭圆工具"，选择"饼图"，在"起始和结束角度"调整为 0～180°的角度，绘制一个半圆，在"编辑填充"对话框中选择"渐变填充"，然后选择"线性渐变填充"进行调色填充。选择绘制好的半圆，鼠标左键拖动向中心缩放，再右击进行复制，松开左键完成复制，以同样方式复制出第三个半圆，最后在"编辑填充"对话框中选择"渐变填充"，然后选择"线性渐变填充"进行调色填充，如图 12-118 所示。

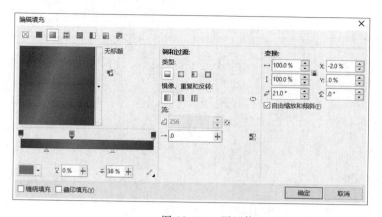

图 12-117　耳用体温计案例操作七

图 12-118　耳用体温计案例操作八

操作九：选择"椭圆工具"，绘制一个椭圆，选择绘制好的椭圆，鼠标左键拖动向中心缩放，再右击进行复制，松开左键完成复制，以同样方式复制出第三个椭圆，在"编辑填充"对话框中选择"渐变填充"，然后选择"线性渐变填充"进行调色填充，如图 12-119 所示。

操作十：选择"矩形工具"绘制一个矩形，选择"形状工具"，右击选择"转化为曲线"调整形状，选择绘制好的图形鼠标左键拖动向中心缩放，再右击进行复制，松开左键完成复制，绘制出第二个图形，在"编辑填充"对话框中选择"渐变填充"，然后选择"线性渐变填充"进行调色填充，选择"椭圆工具"，绘制椭圆，在"编辑填充"对话框中选择"渐变填充"，然后选择"线性渐变填充"进行调色填充，如图 12-120 所示。

图 12-119　耳用体温计
案例操作九

操作十一：绘制反光，先选择"矩形工具"分别绘制矩形，再选择"形状工具"选择"转化为曲线"调整反光形状，在"编辑填充"对话框中选择"渐变填充"，然后选择"线性渐变填充"进行调色填充，最后单击"选择工具"，框选整个图形，右击选择"组合对象"进行组合，绘制完成，完成效果图如图 12-121 所示。

图 12-120 耳用体温计案例操作十　　　　图 12-121 耳用体温计案例完成效果图

12.12 案例十二：电风扇案例绘制

本节案例效果图如图 12-122 所示。

　　操作一：新建一个空白文档，设置页面大小为 A4。

　　操作二：选择"椭圆工具"，绘制一个椭圆，在"编辑填充"对话框中选择色标值为（C:68，M:64，Y:53，K:6）进行填充，设置"轮廓宽度"为无，如图 12-123 所示。

　　操作三：选择"选择工具"，选择操作二绘制的椭圆，鼠标左键拖动选框一角向中心缩放到合适大小，右击进行复制，再松开左键完成复制，在"编辑填充"对话框中选择"渐变填充"，然后选择"线性渐变填充"进行调色填充，设置"轮廓宽度"为无，如图 12-124 所示。

图 12-122 电风扇案例
效果图

　　操作四：选择"选择工具"，选择操作三绘制的椭圆，鼠标左键拖动选框一角向中心缩放到合适大小，右击进行复制，再松开左键完成复制，在"编辑填充"对话框中选择色标值为（C:16，M:12，Y:12，K:0）进行填

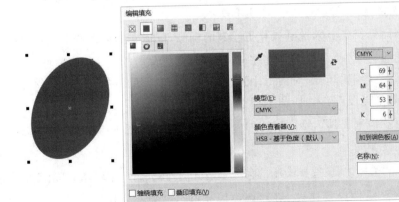

图 12-123 电风扇案例操作二

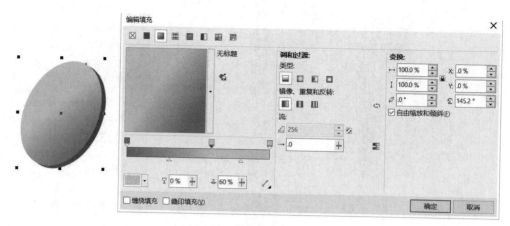

图 12-124　电风扇案例操作三

充，设置"轮廓宽度"为无，如图 12-125 所示。

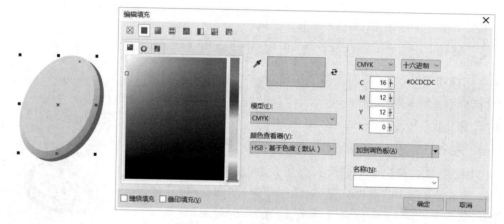

图 12-125　电风扇案例操作四

操作五：选择"选择工具"，选择操作四绘制的椭圆，鼠标左键拖动选框一角向中心缩放到合适大小，右击进行复制，再松开左键完成复制，选择"形状工具"，右击选择"转化为曲线"调整椭圆的形状，在"编辑填充"对话框中选择"渐变填充"，然后选择"线性渐变填充"进行调色填充，设置"轮廓宽度"为无，如图 12-126 所示。

操作六：选择"选择工具"，选择操作五绘制的椭圆，鼠标左键拖动选框一角向中心缩放到合适大小，右击进行复制，再松开左键完成复制，选择"形状工具"，右击选择"转化为曲线"调整椭圆的形状，在"编辑填充"对话框中选择"渐变填充"，然后选择"线性渐变填充"进行调色填充，设置"轮廓宽度"为无，如图 12-127 所示。

操作七：选择"钢笔工具"，绘制扇叶的外轮廓和它的每个色块，选择"形状工具"调整它的形状，如图 12-128 所示。

操作八：选择"选择工具"选择绘制的第一个扇叶的外轮廓在"编辑填充"对话框中选择"渐变填充"，然后选择"线性渐变填充"进行调色填充，设置"轮廓宽度"为无，如图 12-129所示。

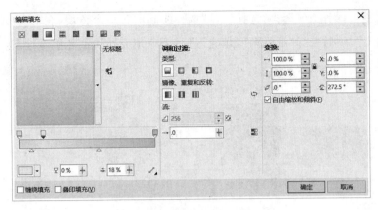

图 12-126　电风扇案例操作五

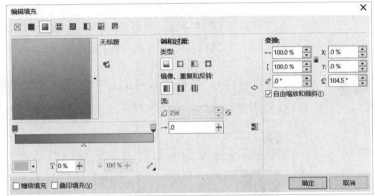

图 12-127　电风扇案例操作六

图 12-128　电风扇案例操作七

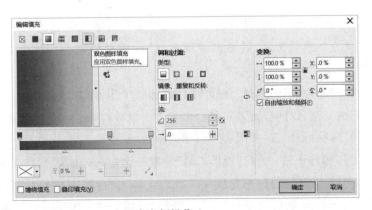

图 12-129　电风扇案例操作八

操作九：选择"选择工具"选择绘制的第一个色块，在"编辑填充"对话框中选择"渐变填充"，然后选择"线性渐变填充"进行调色填充，设置"轮廓宽度"为无，如图 12-130 所示。

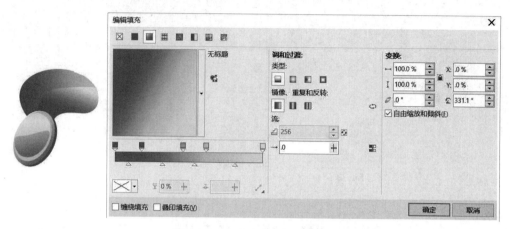

图 12-130　电风扇案例操作九

操作十：选择"选择工具"选择绘制的第二个色块，在"编辑填充"对话框中选择"渐变填充"，然后选择"线性渐变填充"进行调色填充，设置"轮廓宽度"为无，如图 12-131 所示。

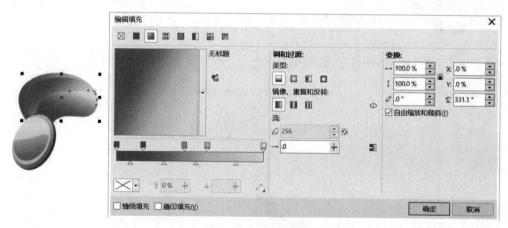

图 12-131　电风扇案例操作十

操作十一：选择"选择工具"选择绘制的第三个色块，在"编辑填充"对话框中选择"渐变填充"，然后选择"线性渐变填充"进行调色填充，设置"轮廓宽度"为无，如图 12-132 所示。

操作十二：选择"选择工具"框选整个扇叶，左击拖动，接着右击进行复制，再松开左键完成复制，以同样的方式复制出第三个扇叶，再选择"形状工具"调整它的形状，将三个扇叶调整到合适位置，如图 12-133 所示。

操作十三：选择"矩形工具"绘制一个矩形，选择"形状工具"调整它的形状，在"编辑填充"对话框中选择"渐变填充"，然后选择"线性渐变填充"进行调色填充，设置"轮廓宽度"为 0.25mm，然后选择矩形，右击选择"顺序"→"到图层后面"，如图 12-134 所示。

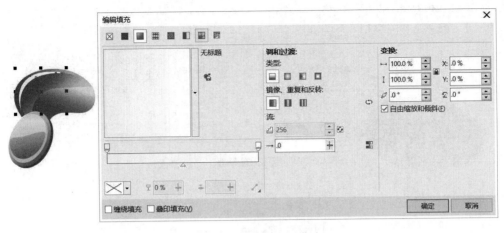

图 12-132 电风扇案例操作十一

图 12-133 电风扇案例操作十二

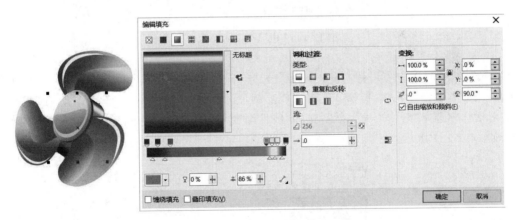

图 12-134 电风扇案例操作十三

操作十四：绘制底座，选择"椭圆工具"，绘制一个椭圆，选择"形状工具"调整它的形状，在"编辑填充"对话框中选择"渐变填充"，然后选择"线性渐变填充"进行调色填充，设置"轮廓宽度"为无，如图 12-135 所示。

操作十五：选择"选择工具"选择操作十二绘制的椭圆，单击选框的一个角向中心缩放，接着右击进行复制，再松开左键完成复制，选择"形状工具"调整它的形状，在"编辑填充"对话框中选择"渐变填充"，然后选择"线性渐变填充"进行调色填充，设置"轮廓宽度"为无,如图 12-136 所示。

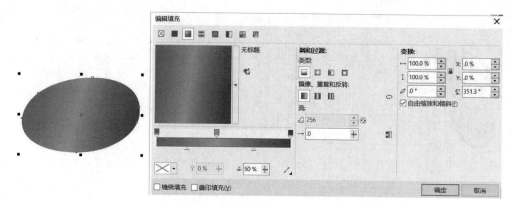

图 12-135　电风扇案例操作十四

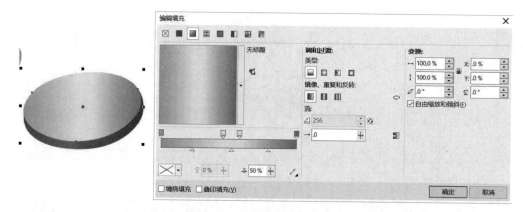

图 12-136　电风扇案例操作十五

操作十六:选择"选择工具"选择操作十三绘制的椭圆,单击选框的一个角向中心缩放,接着右击进行复制,再松开左键完成复制,选择"形状工具"调整它的形状,在"编辑填充"对话框中选择"渐变填充",然后选择"线性渐变填充"进行调色填充,设置"轮廓宽度"为无,如图 12-137 所示。

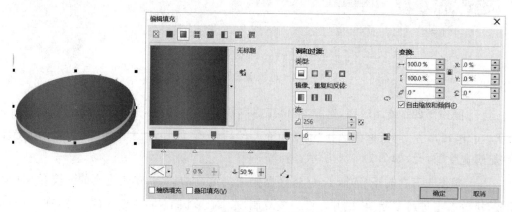

图 12-137　电风扇案例操作十六

操作十七：选择"选择工具"选择操作十四绘制的椭圆,单击选框的一个角向中心缩放,接着右击进行复制,再松开左键完成复制,选择"形状工具"调整它的形状,在"编辑填充"对话框中选择"渐变填充",然后选择"线性渐变填充"进行调色填充,设置"轮廓宽度"为无,如图12-138所示。

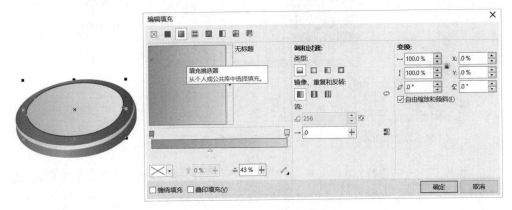

图12-138 电风扇案例操作十七

操作十八：选择"选择工具"选择操作十五绘制的椭圆,单击选框的一个角向中心缩放,接着右击进行复制,再松开左键完成复制,选择"形状工具"调整它的形状,在"编辑填充"对话框中选择白色进行填充,设置"轮廓宽度"为无,如图12-139所示。

图12-139 电风扇案例操作十八

操作十九：选择"选择工具"选择操作十六绘制的椭圆,单击选框的一个角向中心完成复制,选择"形状工具"调整它的形状,在"编辑填充"对话框中选择"渐变填充",然后选择"线性渐变填充"进行调色填充,设置"轮廓宽度"为无,如图12-140所示。

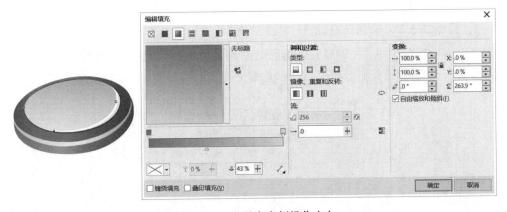

图12-140 电风扇案例操作十九

操作二十：选择"椭圆工具",绘制一个椭圆,选择"形状工具"调整它的形状,在"编辑填充"对话框中选择"渐变填充",然后选择"线性渐变填充"进行调色填充,设置"轮廓宽度"为无,如图 12-141 所示。

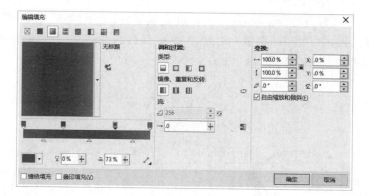

图 12-141　电风扇案例操作二十

操作二十一:选择"矩形工具",绘制一个矩形,选择"形状工具"单击矩形,右击选择"转化为曲线"调整它的形状,在"编辑填充"对话框中选择"渐变填充",然后选择"线性渐变填充"进行调色填充,设置"轮廓宽度"为无,如图 12-142 所示。

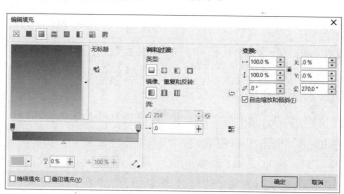

图 12-142　电风扇案例操作二十一

操作二十二:绘制反光,选择"矩形工具"绘制一个矩形,再选择"形状工具",单击矩形,右击选择"转化为曲线"调整它的形状,在"编辑填充"对话框中选择"渐变填充",然后选择"线性渐变填充"进行调色填充,设置"轮廓宽度"为无,如图 12-143 所示。

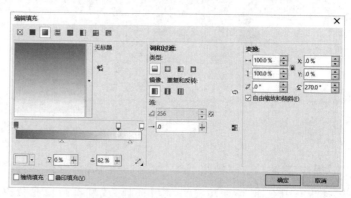

图 12-143　电风扇案例操作二十二

操作二十三：以同样的方式绘制出其他两条高光，如图 12-144 所示。

图 12-144　电风扇案例操作二十三

操作二十四：绘制按钮盘，选择"矩形工具"，绘制一个矩形，选择"形状工具"单击矩形，右击选择"转化为曲线"调整它的形状，在"编辑填充"对话框中选择色标值为（C:82 M:68 Y:64 K:27）进行填充，设置"轮廓宽度"为无，如图 12-145 所示。

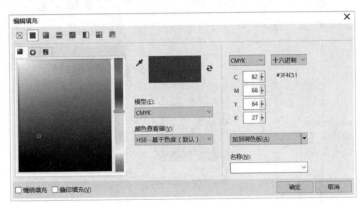

图 12-145　电风扇案例操作二十四

操作二十五：复制按钮盘，然后进行缩放，在"编辑填充"对话框中选择"渐变填充"，然后选择"线性渐变填充"进行调色填充，设置"轮廓宽度"为无，如图 12-146 所示。

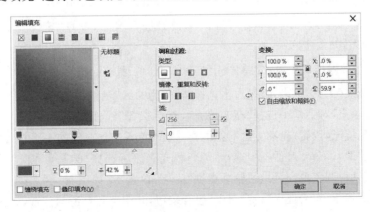

图 12-146　电风扇案例操作二十五

操作二十六：复制按钮盘，进行缩放，在"编辑填充"对话框中选择色标值为（C：86，M：71，Y：67，K：37）进行调色填充，设置"轮廓宽度"为无，如图 12-147 所示。

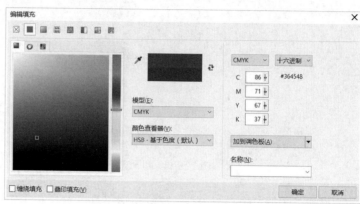

图 12-147　电风扇案例操作二十六

操作二十七：复制按钮盘，进行缩放，在"编辑填充"对话框中选择"渐变填充"，然后选择"线性渐变填充"进行调色填充，设置"轮廓宽度"为无，如图 12-148 所示。

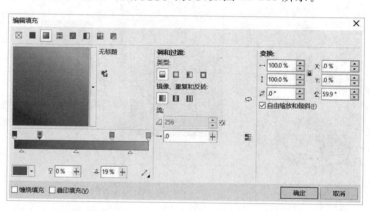

图 12-148　电风扇案例操作二十七

操作二十八：绘制按钮，选择"椭圆工具"，绘制一个椭圆，在"编辑填充"对话框中选择色标值为（C：80，M：67，Y：67，K：29）进行填充，设置"轮廓宽度"为无，如图 12-149 所示。

操作二十九：绘制按钮，选择"矩形工具"绘制一个矩形，选择"形状工具"单击矩形，右击选择"转化为曲线"调整它的形状，在"编辑填充"对话框中选择"渐变填充"，然后选择"线性渐变填充"进行调色填充，设置"轮廓宽度"为无，再选择"椭圆工具"，绘制一个椭圆，在"编辑填充"对话框中选择"渐变填充"，然后选择"椭圆形渐变填充"进行调色填充，设置"轮廓宽度"为无，单击"选择工具"框选绘

图 12-149　电风扇案例操作二十八

制好的按钮，右击选择"组合对象"组合按钮，并调整到合适的位置，如图 12-150 所示。

图 12-150　电风扇案例操作二十九

操作三十：绘制网格，选择"椭圆工具"，绘制一个椭圆，设置轮廓宽度为 0.5mm，在"编辑填充"对话框中选择色标值为(C:95,M:62,Y:46,K:4)进行填充，然后按住 Shift 键用左键拖动进行等比例扩大，接着单击右键进行复制，再松开左键完成复制，得到一组重叠的椭圆，选择"钢笔工具"，绘制发光，选择"形状工具"调整它的形状，在"编辑填充"对话框中选择色标值为(C:44,M:0,Y:3,K:4)进行填充，如图 12-151 所示。

操作三十一：最后选择"选择工具"，框选整个图形，右击选择"组合对象"进行组合，绘制完成，完成效果图如图 12-152 所示。

图 12-151　电风扇案例操作三十

图 12-152　电风扇案例完成效果图

第13章

家具产品图案绘制

13.1 案例一：床案例绘制

本节案例效果图如图 13-1 所示。

🖱️ **操作一**：新建一个空白文档，设置页面大小为 A4。

🖱️ **操作二**：选择"矩形工具"绘制一个矩形，选择"形状工具"，右击选择"转化为曲线"调整矩形的形状，如图 13-2 所示。

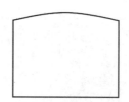

图 13-1　床案例效果图　　　　　图 13-2　床案例操作二

🖱️ **操作三**：在"编辑填充"对话框中选择"渐变填充"，设置"类型"为"线性渐变填充"，"镜像、重复和反转"为默认渐变填充，再设置"节点位置"为 0 的色标颜色为（C：20，M：92，Y：100，K：0），"节点位置"为 100％的色标颜色为（C：0，M：44，Y：40，K：0），设置"轮廓宽度"为无，如图 13-3 所示。

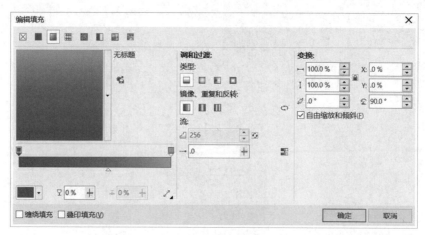

图 13-3　床案例操作三

操作四：选择"矩形工具"绘制一个矩形，如图 6-4 所示在"编辑填充"对话框中选择"渐变填充"，设置"类型"为"线性渐变填充"，"镜像、重复和反转"为默认渐变填充，再设置"节点位置"为 0 的色标颜色为(C:45,M:86,Y:100,K:13)，"节点位置"为 39% 的色标颜色为(C:29,M:89,Y:80,K:0)，"节点位置"为 100% 的色标颜色为(C:3,M:73,Y:76,K:0)，设置"轮廓宽度"为无，如图 13-4 和图 13-5 所示。

图 13-4　床案例操作四(1)

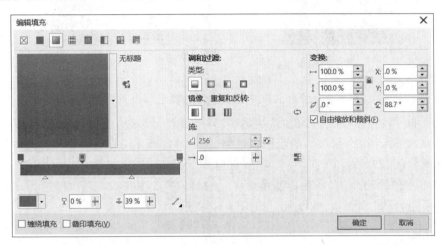

图 13-5　床案例操作四(2)

操作五：选择"矩形工具"绘制一个矩形(如图 13-6 所示)，在"编辑填充"对话框中选择"渐变填充"，设置"类型"为"线性渐变填充"，"镜像、重复和反转"为默认渐变填充，再设置"节点位置"为 0 的色标颜色为(C:45,M:86,Y:100,K:13)，"节点位置"为 51% 的色标颜色为(C:4,M:83,Y:88,K:0)，"节点位置"为 100% 的色标颜色为(C:33,M:82,Y:91,K:1)，设置"轮廓宽度"为细线，色标值为(C41,M:91,Y:100,K:26)，如图 13-7 所示。

图 13-6　床案例操作五(1)

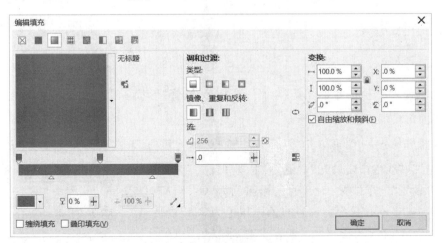

图 13-7　床案例操作五(2)

操作六：选择"选择工具"，选择操作五绘制好的矩形向左拖动，右击进行复制，再松开左键完成复制，如图 13-8 所示。

操作七：绘制床垫，选择"矩形工具"绘制一个矩形，选择"形状工具"，右击选择"转化为曲线"调整矩形的形状，如图 13-9 所示。

图 13-8　床案例操作六　　　　　　图 13-9　床案例操作七

操作八：在"编辑填充"对话框中选择"渐变填充"，设置"类型"为"线性渐变填充"，"镜像、重复和反转"为默认渐变填充，再设置"节点位置"为 0 的色标颜色为(C:46,M:35，Y:33,K:0)，"节点位置"为 12％的色标颜色为(C:46 M:35 Y:33 K:0)，"节点位置"为 16％的色标颜色为(C:29,M:7,Y:7,K:0)，"节点位置"为 83％的色标颜色为(C:18,M:11,Y:2,K:0)，"节点位置"为 90％的色标颜色为(C:0,M:0,Y:5,K:0)，"节点位置"为 100％的色标颜色为白色，设置"轮廓宽度"为无，如图 13-10 所示。

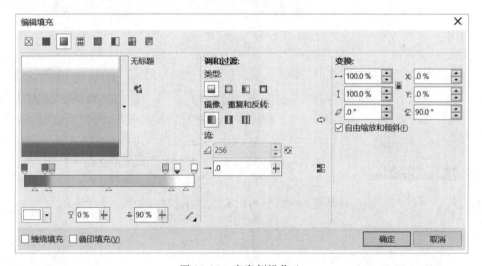

图 13-10　床案例操作八

操作九：选择"矩形工具"绘制一个矩形，选择"形状工具"，右击选择"转化为曲线"调整矩形的形状，如图 13-11 所示。

操作十：在"编辑填充"对话框中选择"渐变填充"，设置"类型"为"线性渐变填充"，"镜像、重复和反转"为默认渐变填充，再设置"节点位置"为 0 的色标颜色为(C:16,M:83，Y:88,K:0)，"节点位置"为 42％的色标颜色为(C:7,M:64，Y:58,K:62)，"节点位置"为 100％的色标颜色为(C:11,

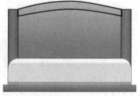

图 13-11　床案例操作九

M:80,Y:96,K:0),设置"轮廓宽度"为细线,色标值为(C41,M:91,Y:100,K:26),如图 13-12
所示。

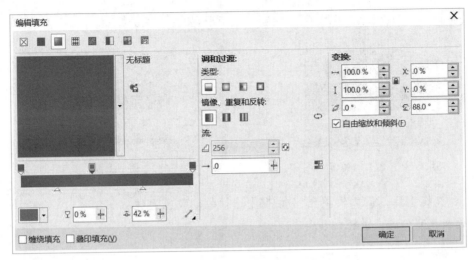

图 13-12　床案例操作十

操作十一:绘制靠枕,选择"矩形工具"绘制一个矩形,选择"形状工具",右击选择
"转化为曲线"调整矩形的形状,如图 13-13 所示。

操作十二:在"编辑填充"对话框中选择"渐变填
充",设置"类型"为"线性渐变填充","镜像、重复和反转"为默
认渐变填充,再设置"节点位置"为 0 的色标颜色为(C:7,
M:100,Y:100,K:0),"节点位置"为 63% 的色标颜色为
(C:0,M:93,Y:75,K:0),"节点位置"为 100% 的色标颜色为
(C:0,M:63,Y:38,K:0),设置"轮廓宽度"为细线,色标值为
(C:24,M:94,Y:95,K:0),如图 13-14 所示。

图 13-13　床案例操作十一

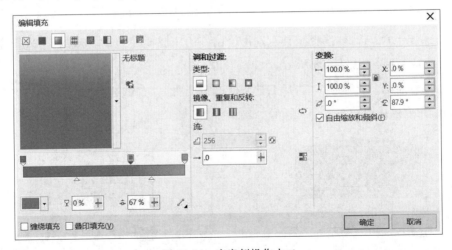

图 13-14　床案例操作十二

操作十三：选择"选择工具"，选择绘制好的靠枕向左拖动，接着右击进行复制，再松开左键完成复制，如图13-15所示。

操作十四：选择"矩形工具"绘制一个矩形，如图13-16所示。

图13-15　床案例操作十三

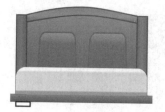

图13-16　床案例操作十四

操作十五：在"编辑填充"对话框中选择色标颜色为(C:55,M:96,Y:100,K:45)，设置"轮廓宽度"为无，如图13-17所示。

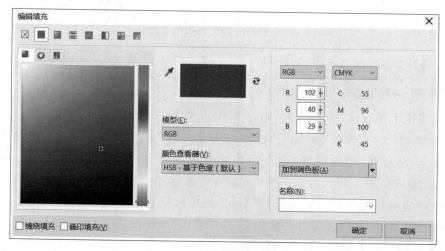

图13-17　床案例操作十五

操作十六：选择"选择工具"，选择绘制好的床腿向左拖动，接着右击进行复制，再松开左键完成复制，如图13-18所示。

操作十七：最后选择"选择工具"，框选整个图形，右击选择"组合对象"进行组合，绘制完成，完成效果图如图13-19所示。

图13-18　床案例操作十六

图13-19　床案例完成效果图

13.2 案例二：柜子案例绘制

本节案例效果图如图 13-20 所示。

操作一：新建一个空白文档，设置页面大小为 A4。

操作二：选择"矩形工具"绘制一个矩形，选择"形状工具"，右击选择"转化为曲线"调整矩形的形状，如图 13-21 所示。

图 13-20　柜子案例效果图　　　　图 13-21　柜子案例操作二

操作三：在"编辑填充"对话框中选择"渐变填充"，设置"类型"为"线性渐变填充"，"镜像、重复和反转"为默认渐变填充，再设置"节点位置"为 0 的色标颜色为（C：84，M：64，Y：100，K：47），"节点位置"为 35% 的色标颜色为（C：82，M：53，Y：100，K：22），"节点位置"为 100% 的色标颜色为（C：67，M：36，Y：100，K：0），设置"轮廓宽度"为无，如图 13-22 所示。

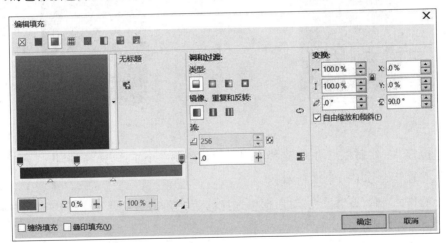

图 13-22　柜子案例操作三

操作四：绘制顶面，选择"矩形工具"，绘制一个矩形，选择"形状工具"，右击选择"转化为曲线"调整矩形的形状，选择绘制好的矩形右击选择"顺序"→"到图层后面"，如图 13-23 所示。

操作五：在"编辑填充"对话框中选择"渐变填充"，设置"类型"为"线性渐变填充"，"镜像、重复和反转"为默认渐变填充，再设置"节点位置"为 0 的色标颜色为（C：44，M：4，Y：91，K：0），"节点位置"为 42% 的色标颜色为（C：35，M：0，Y：69，K：0），"节点位置"为 75% 的色标颜色为(C:55,M:22,Y:100,K:0),"节点位置"为100%的色标颜色为(C:36,M:0,Y:81,K:0),设置"轮廓宽度"为无,如图13-24所示。

图13-23　柜子案例操作四

图13-24　柜子案例操作五

操作六:选择"矩形工具"绘制一个矩形,选择"形状工具"调整矩形底边两个角的形状,右击选择"转化为曲线"调整矩形的形状,选择绘制好的矩形右击选择"顺序"→"到图层后面",如图13-25所示。

操作七:在"编辑填充"对话框中选择"渐变填充",设置"类型"为"线性渐变填充","镜像、重复和反转"为默认渐变填充,再设置"节点位置"为0的色标颜色为(C:66,M:33,Y:91,K:0),"节点位置"为10%的色标颜色为(C:82,M:56,Y:100,K:28),"节点位置"为100%的色标颜色为(C:87,M:72,Y:100,K:65),设置"轮廓宽度"为无,如图13-26所示。

图13-25　柜子案例操作六

图13-26　柜子案例操作七

操作八:绘制柜门阴影,选择"矩形工具"绘制一个矩形,选择"形状工具"调整矩形底边四个角的形状,如图13-27所示。

操作九:在"编辑填充"对话框中选择色标值为(C:85,M:69,Y:100,K:58)进行填充,设置"轮廓宽度"为无,如图13-28所示。

图13-27　柜子案例操作八

图13-28　柜子案例操作九

操作十：绘制柜门，选择"选择工具"选择绘制好的矩形，按住 Shift 键拖动选框一角进行等比例缩放，右击进行复制，再松开左键完成复制，在"编辑填充"对话框中选择色标值为(C:2,M:12,Y:19,K:0)进行填充，设置"轮廓宽度"为无，如图 13-29 所示。

操作十一：选择"选择工具"选择操作十绘制好的矩形，选择选框上面的条边进行缩放，右击进行复制，再松开左键完成复制，如图 13-30 所示。

图 13-29 柜子案例操作十

图 13-30 柜子案例操作十一

操作十二：在"编辑填充"对话框中选择"渐变填充"，设置"类型"为"线性渐变填充"，"镜像、重复和反转"为默认渐变填充，再设置"节点位置"为 0 的色标颜色为(C:11,M:42,Y:68,K:0)，"节点位置"为 55％的色标颜色为(C:2,M:21,Y:35,K:0)，"节点位置"为 100％的色标颜色为(C:7,M:33,Y:58,K:0)，设置"轮廓宽度"为无，如图 13-31 所示。

操作十三：绘制把手，选择"椭圆工具"，按住 Ctrl 键绘制一个圆，如图 13-32 所示。

图 13-31 柜子案例操作十二

图 13-32 柜子案例操作十三

操作十四：在"编辑填充"对话框中选择"渐变填充"，设置"类型"为"椭圆形渐变填充"，"镜像、重复和反转"为默认渐变填充，再设置"节点位置"为 0 的色标颜色为(C:65,M:74,Y:100,K:46)，"节点位置"为 61％的色标颜色为(C:56,M:77,Y:100,K:31)，"节点位置"为 100％的色标颜色为(C:56,M:86,Y:100,K:40)，设置"轮廓宽度"为细线，轮廓色标值为(C:60,M:85,Y:100,K:51)，如图 13-33 所示。

操作十五：选择"选择工具"选择操作十四绘制好的圆，按住 Shift 键进行等比例缩放，右击进行复制，再松开左键完成复制，在"编辑填充"对话框中选择"渐变填充"，设置"类型"为"椭圆形渐变填充"，"镜像、重复和反转"为默认渐变填充，再设置"节点位置"为 0 的色标颜色为(C:5,M:22,Y:80,K:0),"节点位置"为 61% 的色标颜色为(C:56,M:77,Y:100,K:31),"节点位置"为 50% 的色标颜色为(C:0,M:5,Y:39,K:0),设置"轮廓宽度"为无,如图 13-34 所示。

图 13-33　柜子案例操作十四　　　　　　　图 13-34　柜子案例操作十五

操作十六：选择"椭圆工具",选择"饼图"绘制一个半圆,选择"形状工具"右击选择"转化为曲线"调整半圆的形状,在"编辑填充"对话框中选择"渐变填充",设置"类型"为"线性渐变填充","镜像、重复和反转"为默认渐变填充,再设置"节点位置"为 0 的色标颜色为(C:62,M:89,Y:100,K:55),"节点位置"为 29% 的色标颜色为(C:62,M:89,Y:100,K:55),"节点位置"为 51% 的色标颜色为(C:55,M:70,Y:100,K:22),"节点位置"为 100% 的色标颜色为(C:62,M:85,Y:100,K:55),设置"轮廓宽度"为无,如图 13-35 所示。

操作十七：选择"椭圆工具"绘制一个椭圆,在"编辑填充"对话框中选择"渐变填充",设置"类型"为"椭圆形渐变填充","镜像、重复和反转"为默认渐变填充,再设置"节点位置"为 0 的色标颜色为(C:0,M:31,Y:79,K:0),"节点位置"为 60% 的色标颜色为(C:11,M:39,Y:85,K:0),"节点位置"为 100% 的色标颜色为(C:0,M:31,Y:79,K:0),设置"轮廓宽度"为无,如图 13-36 所示。

图 13-35　柜子案例操作十六　　　　　　　图 13-36　柜子案例操作十七

操作十八：选择"选择工具",框选整个柜门,右击选择"组合对象"进行组合,左键选择柜门,按快捷键 Ctrl+C,Ctrl+V,选择"水平镜像"调整方向,按住 Shift 键水平拖到合适位置,如图 13-37 所示。

操作十九：绘制阴影,选择"阴影工具",最后单击"选择工具",框选整个图形,右击选择"组合对象"进行组合,完成效果图如图 13-38 所示。

图 13-37　柜子案例操作十八

图 13-38　柜子案例完成效果图

13.3　案例三: 办公桌案例绘制

本节案例效果图如图 13-39 所示。

操作一: 新建一个空白文档,设置页面大小为 A4。

操作二: 绘制桌面正面矩形,选择"矩形工具"绘制一个矩形,如图 13-40 所示。

操作三: 在"编辑填充"对话框中选择"渐变填充",设置"类型"为"线性渐变填充","镜像、重复和反转"

图 13-39　办公桌案例效果图

为默认渐变填充,再设置"节点位置"为 0 的色标颜色为(C:64,M:73,Y:100,K:42),"节点位置"为 3%的色标颜色为(C:53,M:56,Y:64,K:2),"节点位置"为 7%的色标颜色为(C:66,M:79,Y:100,K:55),"节点位置"为 93%的色标颜色为(C:66 M:79 Y:100 K:55),"节点位置"为 100%的色标颜色为(C:47,M:47,Y:55,K:0),设置"轮廓宽度"为细线,轮廓颜色色标值为(C:67,M:80,Y:100,K:57),如图 13-41 所示。

图 13-40　办公桌案例操作二

图 13-41　办公桌案例操作三

操作四: 绘制桌面顶面,选择"矩形工具"绘制一个矩形,选择"形状工具",右击选择"转化为曲线",调整矩形的形状,如图 13-42 所示。

图 13-42　办公桌案例操作四

操作五: 在"编辑填充"对话框中选择"渐变填充",设置"类型"为"线性渐变填充","镜像、重复和反转"为默认渐变填充,再设置"节点位置"为 0 的色标颜色为(C:60,M:65,Y:70,K:14),"节点位置"为 27%的色标颜色为(C:60,M:68,Y:81,K:23),"节点位置"为

32%的色标颜色为(C:61,M:73,Y:95,K:36),"节点位置"为64%的色标颜色为(C:53,M:55,Y:65,K:2),"节点位置"为100%的色标颜色为(C:35,M:36,Y:43,K:0),设置"轮廓宽度"为细线,轮廓颜色色标值为(C:67,M:80,Y:100,K:57),如图13-43所示。

图13-43 办公桌案例操作五

🖱 操作六:绘制柜子,选择"矩形工具"绘制一个矩形,如图13-44所示。

🖱 操作七:在"编辑填充"对话框中选择色标颜色为(C:69,M:82,Y:100,K:61)进行填充,设置"轮廓宽度"为无,如图13-45所示。

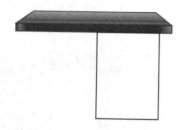

图13-44 办公桌案例操作六

图13-45 办公桌案例操作七

🖱 操作八:选择"选择工具",选择绘制好的矩形,单击选框一角按住Shift键进行等比例缩放,接着右击进行复制,再松开左键完成复制,在"编辑填充"对话框中选择"渐变填充",设置"类型"为"线性渐变填充","镜像、重复和反转"为默认渐变填充,再设置"节点位置"为0的色标颜色为(C:75,M:84,Y:98,K:69),"节点位置"为70%的色标颜色为(C:79,M:86,Y:95,K:73),"节点位置"为100%的色标颜色为(C:53,M:63,Y:67,K:10),设置"轮廓宽度"为无,如图13-46所示。

🖱 操作九:绘制抽屉,选择"矩形工具"绘制一个矩形,选择"形状工具"调整矩形四个角的形状,如图13-47所示。

图13-46 办公桌案例操作八

图13-47 办公桌案例操作九

🖱 操作十:在"编辑填充"对话框中选择"渐变填充",设置"类型"为"线性渐变填充","镜像、重复和反转"为默认渐变填充,再设置"节点位置"为0%的色标颜色为(C:62,M:81,Y:73,K:66),"节点位置"为70%的色标颜色为(C:58,M:62,Y:66,K:8),"节点位置"为92%的色标颜色为(C:51,M:48,Y:53,K:0),"节点位置"为95%的色标颜色为(C:44,

M:42,Y:44,K:0),"节点位置"为100%的色标颜色为(C:64,M:70,Y:82,K:33),设置"轮廓宽度"为无,如图13-48所示。

操作十一：选择"椭圆工具"，按住Ctrl键绘制一个圆，在"编辑填充"对话框中选择色标颜色为(C:8,M:16,Y:20,K:0)进行填充，设置"轮廓宽度"为无，选择绘制好的圆，按住Shift键向右拖动，接着右击进行复制，再松开左键完成复制，如图13-49所示。

图13-48 办公桌案例操作十   图13-49 办公桌案例操作十一

操作十二：选择"矩形工具"，绘制一个矩形，选择"形状工具"调整矩形四个角的形状，在"编辑填充"对话框中选择"渐变填充"，设置"类型"为"线性渐变填充"，"镜像、重复和反转"为默认渐变填充，再设置"节点位置"为0的色标颜色为(C:77,M:73,Y:75,K:45)，"节点位置"为19%的色标颜色为(C:11,M:18,Y:22,K:0)，"节点位置"为62%的色标颜色为(C:1,M:12,Y:16,K:0)，"节点位置"为95%的色标颜色为(C:44,M:42,Y:44,K:0)，"节点位置"为100%的色标颜色为(C:25,M:24,Y:27,K:0)，设置"轮廓宽度"为无，如图13-50所示。

操作十三：绘制阴影，选择"椭圆工具"，绘制一个椭圆，选择"形状工具"，右击选择"转化为曲线"调整椭圆的形状，在"编辑填充"对话框中选择色标值为(C:67,M:82,Y:100,K:59)，进行填充，如图13-51所示。

图13-50 办公桌案例操作十二   图13-51 办公桌案例操作十三

操作十四：选择"选择工具"，框选绘制的抽屉，左击同时按住Shift键水平向下拖动，接着右击进行复制，再左击完成复制，以同样的方式复制出第三个抽屉，如图13-52所示。

操作十五：选择"矩形工具"，绘制一个矩形，选择"形状工具"，右击选择"转化为曲线"调整矩形的形状，在"编辑填充"对话框中选择"渐变填充"，设置"类型"为"线性渐变填充"，"镜像、重复和反转"为默认渐变填充，再设置"节点位置"为0的色标颜色为(C:65,M:60,Y:61,K:9)，"节点位置"为16%的色标颜色为(C:69,M:64,Y:64,K:16)，"节点位置"为40%的色标颜色为白色，"节点位置"为55%的色标颜色为(C:6,M:5,Y:1,K:0)，"节点位置"为60％的色标颜色为(C:43,M:33,Y:27,K:0),"节点位置"为66％的色标颜色为(C:43,M:33,Y:27,K:0),"节点位置"为78％的色标颜色为(C:89,M:85,Y:75,K:62),"节点位置"为85％的色标颜色为(C:89,M:85,Y:75,K:62),"节点位置"为95％的色标颜色为(C:20,M:15,Y:15,K:0),"节点位置"为100％的色标颜色为白色,设置"轮廓宽度"为无,如图13-53所示。

图13-52 办公桌案例操作十四

图13-53 办公桌案例操作十五

操作十六:选择"矩形工具",绘制一个矩形,选择"形状工具",右击选择"转化为曲线"调整矩形的形状,在"编辑填充"对话框中选择"渐变填充",设置"类型"为"线性渐变填充","镜像、重复和反转"为默认渐变填充,再设置"节点位置"为0的色标颜色为(C:76,M:73,Y:65,K:32),"节点位置"为21％的色标颜色为(C:82,M:78,Y:69,K:46),"节点位置"为50％的色标颜色为(C:52,M:41,Y:31,K:0),"节点位置"为64％的色标颜色为(C:80,M:73,Y:62,K:29),"节点位置"为68％的色标颜色为(C:78,M:76,Y:67,K:39),"节点位置"为94％的色标颜色为(C:84,M:86,Y:90,K:73),"节点位置"为85％的色标颜色为(C:89,M:85,Y:75,K:62),"节点位置"为100％的色标颜色为(C:80,M:80,Y:88,K:67),设置"轮廓宽度"为无,如图13-54所示。

操作十七:绘制底座,选择"矩形工具"绘制一个矩形,选择"形状工具",右击选择"转化为曲线",调整矩形的形状,在"编辑填充"对话框中选择"渐变填充",设置"类型"为"线性渐变填充","镜像、重复和反转"为默认渐变填充,再设置"节点位置"为0的色标颜色为黑色,"节点位置"为46％的色标颜色为(C:59,M:51,Y:44,K:22),"节点位置"为100％的色标颜色为黑色,设置"轮廓宽度"为无。选择"椭圆工具",绘制一个椭圆,选择"形状工具",右击选择转化为曲线,调整椭圆的形状,在"编辑填充"对话框中选择"渐变填充",设置"类型"为"线性渐变填充","镜像、重复和反转"为默认渐变填充,再设置"节点位置"为0的色标颜色为黑色,"节点位置"为39％的色标颜色为(C:74,M:64,Y:54,K:11),"节点位置"为100％的色标颜色为黑色,设置"轮廓宽度"为无,如图13-55所示。

图13-54 办公桌案例操作十六

图13-55 办公桌案例操作十七

操作十八：绘制阴影,选择"椭圆工具",绘制一个椭圆,在"编辑填充"对话框中选择"渐变填充",设置"类型"为"线性渐变填充","镜像、重复和反转"为默认渐变填充,再设置"节点位置"为0的色标颜色为(C:58,M:50,Y:51,K:0),"节点透明度"为34％,"节点位置"为49％的色标颜色为(C:71,M:65,Y:65,K:19),"节点透明度"为18％,"节点位置"为100％的色标颜色为(C:72,M:71,Y:81,K:43),设置"轮廓宽度"为无,如图 13-56 所示。

操作十九：最后单击"选择工具",框选整个图形,右击选择"组合对象"进行组合,绘制完成,完成效果图如图 13-57 所示。

图 13-56　办公桌案例操作十八

图 13-57　办公桌案例完成效果图

13.4　案例四：计算机椅案例绘制

本节案例效果图如图 13-58 所示。

操作一：新建一个空白文档,设置页面大小为 A4。

操作二：绘制椅背,选择"矩形工具"绘制一个矩形,选择"形状工具",右击选择"转化为曲线"调整矩形的形状,在"编辑填充"对话框中选择"渐变填充",设置"类型"为"线性渐变填充","镜像、重复和反转"为默认渐变填充,再设置"节点位置"为0的色标颜色为(C:84,M:78,Y:65,K:41),"节点位置"为43％的色标颜色为(C:83,M:77,Y:64,K:38),"节点位置"为100％的色标颜色为(C:38,M:29,Y:24,K:0),设置"轮廓宽度"为无,如图13-59所示。

图 13-58　计算机椅案例效果图

图 13-59　计算机椅案例操作二

操作三：单击"选择工具"选择操作二绘制的图形，单击选框一角，按住 Shift 键进行等比例缩放，接着右击进行复制，再松开左键完成复制，如图 13-60 所示。

操作四：在"编辑填充"对话框中选择"渐变填充"，设置"类型"为"线性渐变填充"，"镜像、重复和反转"为默认渐变填充，再设置"节点位置"为 0 的色标颜色为(C:78,M:71,Y:56,K:17)，"节点位置"为 26％的色标颜色为(C:75,M:67,Y:53,K:9)，"节点位置"为 79％的色标颜色为(C:39,M:29,Y:25,K:0)，"节点位置"为 100％的色标颜色为(C:35,M:25,Y:19,K:0)，设置"轮廓宽度"为无，如图 13-61 所示。

图 13-60　计算机椅案例操作三

图 13-61　计算机椅案例操作四

操作五：选择"矩形工具"依次绘制三个矩形，在"编辑填充"对话框中选择色标颜色为(C:0,M:0,Y:0,K:100)、(C:98,M:100,Y:62,K:44)、(C:0,M:0,Y:0,K:40)，依次进行填充，设置"轮廓宽度"为无，单击选择工具，框选绘制好的三个矩形，右击选择"组合对象"进行组合，选择组合好的图形，按住 Shift 键水平向下拖动，接着单击鼠标右进行复制，再松开左键完成复制，重复复制操作得到如图 13-62 所示的图形。

操作六：绘制坐面，选择"矩形工具"绘制一个矩形，选择"形状工具"调整矩形四个角的形状，再选择矩形右击，选择"转化为曲线"调整矩形的形状，如图 13-63 所示。

图 13-62　计算机椅案例操作五

图 13-63　计算机椅案例操作六

操作七：在"编辑填充"对话框中选择"渐变填充"，设置"类型"为"线性渐变填充"，"镜像、重复和反转"为默认渐变填充，再设置"节点位置"为 0 的色标颜色为(C:78,M:72,Y:65,K:31)，"节点位置"为 18％的色标颜色为(C:80,M:73,Y:64,K:32)，"节点位置"为

63％的色标颜色为(C:43,M:33,Y:26,K:0),"节点位置"为100％的色标颜色为(C:34,M:26,Y:17,K:0),设置"轮廓宽度"为无,如图13-64所示。

操作八:选择"选择工具"选择绘制好的坐面,单击选框一角按住Shift键进行等比例缩放,接着右击进行复制,再松开左键完成复制,如图13-65所示。

图13-64　计算机椅案例操作七

图13-65　计算机椅案例操作八

操作九:在"编辑填充"对话框中选择"渐变填充",设置"类型"为"线性渐变填充","镜像、重复和反转"为默认渐变填充,再设置"节点位置"为0的色标颜色为(C:64,M:54,Y:47,K:0),"节点位置"为9％的色标颜色为(C:25,M:18,Y:15,K:0),"节点位置"为16％的色标颜色为(C:22,M:15,Y:13,K:0),"节点位置"为30％的色标颜色为(C:67,M:58,Y:49,K:2),"节点位置"为100％的色标颜色为(C:25,M:20,Y:11,K:0),设置"轮廓宽度"为无,如图13-66所示。

操作十:选择"矩形工具"绘制一个矩形,选择"形状工具"调整矩形两个角的形状,再选择矩形,右击选择"转化为曲线"调整矩形的形状,如图13-67所示。

图13-66　计算机椅案例操作九

图13-67　计算机椅案例操作十

操作十一:在"编辑填充"对话框中选择"渐变填充",设置"类型"为"线性渐变填充","镜像、重复和反转"为默认渐变填充,再设置"节点位置"为0的色标颜色为(C:38,M:29,Y:25,K:0),"节点位置"为100％的色标颜色为(C:24,M:25,Y:15,K:0),设置"轮廓宽度"为无,如图13-68所示。

操作十二：绘制反光，选择"椭圆工具"，绘制一个椭圆，如图 13-69 所示。

图 13-68　计算机椅案例操作十一　　　　图 13-69　计算机椅案例操作十二

操作十三：在"编辑填充"对话框中选择"渐变填充"，设置"类型"为"线性渐变填充"，"镜像、重复和反转"为默认渐变填充，再设置"节点位置"为 0 的色标颜色为(C:33,M:25,Y:21,K:0)，"节点位置"为 21% 的色标颜色为(C:28,M:22,Y:18,K:0)，"节点位置"为 50% 的色标颜色为(C:11,M:9,Y:7,K:0)，"节点位置"为 100% 的色标颜色为(C:27,M:22,Y:16,K:0)，设置"轮廓宽度"为无，如图 13-70 所示。

操作十四：选择"椭圆工具"，绘制一个椭圆，选择"矩形工具"绘制一个矩形，选择"形状工具"调整矩形四个角的形状，如图 13-71 所示。

图 13-70　计算机椅案例操作十三　　　　图 13-71　计算机椅案例操作十四

操作十五：选择绘制好的椭圆，在"编辑填充"对话框中选择"渐变填充"，设置"类型"为"线性渐变填充"，"镜像、重复和反转"为默认渐变填充，再设置"节点位置"为 0 的色标颜色为(C:52,M:42,Y:31,K:0)，"节点位置"为 24% 的色标颜色为(C:40,M:32,Y:27,K:0)，"节点位置"为 53% 的色标颜色为(C:25,M:20,Y:15,K:0)，"节点位置"为 100% 的色标颜色为(C:53,M:44,Y:35,K:0)，设置"轮廓宽度"为无，选择绘制好的矩形，在"编辑填充"对话框中选择"渐变填充"，设置"类型"为"线性渐变填充"，"镜像、重复和反转"为默认渐变填充，再设置"节点位置"为 0 的色标颜色为(C:99,M:95,Y:76,K:70)，"节点位置"为 23% 的色标颜色为(C:99,M:95,Y:76,K:70)，"节点位置"为 77% 的色标颜色为(C:75,M:65,

Y:53,K:8),"节点位置"为100%的色标颜色为(C:68,M:58,Y:47,K:1),设置"轮廓宽度"为无,如图13-72所示。

操作十六: 选择"选择工具"框选绘制的椭圆和矩形,右击选择"组合对象"进行组合,鼠标左键单击组合好的图形按住Shift键水平向下拖动,接着右击进行复制,再松开左键完成复制,重复复制操作得到如图13-73所示的一组图形。

图13-72 计算机椅案例操作十五

图13-73 计算机椅案例操作十六

操作十七: 选择"矩形工具"绘制一个矩形,选择"形状工具",选择矩形,右击选择"转化为曲线"调整矩形的形状,如图13-74所示。

操作十八: 在"编辑填充"对话框中选择"渐变填充",设置"类型"为"线性渐变填充","镜像、重复和反转"为默认渐变填充,再设置"节点位置"为0的色标颜色为(C:75,M:67,Y:69,K:29),"节点位置"为12%的色标颜色为(C:27,M:20,Y:23,K:0),"节点位置"为25%的色标颜色为白色,"节点位置"为53%的色标颜色为白色,"节点位置"为66%的色标颜色为(C:48,M:42,Y:38,K:0),"节点位置"为73%的色标颜色为(C:37,M:31,Y:28,K:0),"节点位置"为80%的色标颜色为(C:33,M:27,Y:24,K:0),"节点位置"为85%的色标颜色为(C:65,M:56,Y:54,K:2),"节点位置"为100%的色标颜色为(C:30,M:20,Y:22,K:0),设置"轮廓宽度"为无,如图13-75所示。

图13-74 计算机椅案例操作十七

图13-75 计算机椅案例操作十八

操作十九：选择"椭圆工具"，绘制一个椭圆，利用"矩形工具"绘制一个矩形，在单击"形状工具"选择矩形，右击选择"转化为曲线"调整矩形的形状，如图 13-76 所示。

操作二十：选择绘制好的椭圆，在"编辑填充"对话框中选择"渐变填充"，设置"类型"为"线性渐变填充"，"镜像、重复和反转"为默认渐变填充，再设置"节点位置"为 0 的色标颜色为(C:77,M:70,Y:53,K:12)，"节点位置"为 100％的色标颜色为白色，设置"轮廓宽度"为无，选择绘制好的矩形，在"编辑填充"对话框中选择"渐变填充"，设置"类型"为"线性渐变填充"，"镜像、重复和反转"为默认渐变填充，再设置"节点位置"为 0 的色标颜色为(C:9,M:5,Y:2,K:0)，"节点位置"为 17％的色标颜色为(C:13,M:9,Y:6,K:0)，"节点位置"为 25％的色标颜色为(C:47,M:37,Y:24,K:0)，"节点位置"为 48％的色标颜色为(C:71,M:60,Y:44,K:1)，"节点位置"为 58％的色标颜色为(C:94,M:86,Y:80,K:70)，"节点位置"为 66％的色标颜色为(C:94,M:86,Y:80,K:70)，"节点位置"为 73％的色标颜色为(C:88,M:78,Y:75,K:56)，"节点位置"为 100％的色标颜色为(C:82,M:75,Y:79,K:55)，设置"轮廓宽度"为无，如图 13-77 所示。

图 13-76　计算机椅案例操作十九

图 13-77　计算机椅案例操作二十

操作二十一：选择"矩形工具"，分别绘制两个矩形，选择"形状工具"，选择矩形，右击选择"转化为曲线"调整矩形的形状，如图 13-78 所示。

操作二十二：选择绘制好的矩形，在"编辑填充"对话框中选择"渐变填充"，设置"类型"为"线性渐变填充"，"镜像、重复和反转"为默认渐变填充，再设置"节点位置"为 0 的色标颜色为(C:91,M:88,Y:61,K:42)，"节点位置"为 17％的色标颜色为(C:90,M:86,Y:61,K:46)，"节点位置"为 32％的色标颜色为(C:47,M:37,Y:24,K:0)，"节点位置"为 57％的色标颜色为(C:73,M:65,Y:39,K:0)，"节点位置"为 100％的色标颜色为(C:73,M:65,Y:39,K:0)，设置"轮廓宽度"为 0.2mm，轮廓色标颜色为黑色，如图 13-79 所示。

图 13-78　计算机椅案例操作二十一

图 13-79　计算机椅案例操作二十二

操作二十三：选择"矩形工具"，分别绘制两个矩形，选择"形状工具"，选择矩形，右击选择"转化为曲线"调整矩形的形状,如图 13-80 所示。

操作二十四:选择绘制好的矩形,在"编辑填充"对话框中选择"渐变填充",设置"类型"为"线性渐变填充","镜像、重复和反转"为默认渐变填充,再设置"节点位置"为 0 的色标颜色为(C:73,M:64,Y:45,K:3),"节点位置"为 90% 的色标颜色为(C:100,M:100,Y:64,K:51),"节点位置"为 100% 的色标颜色为(C:100,M:100,Y:64,K:51),设置"轮廓宽度"为 0.2mm,轮廓色标颜色为黑色,如图 13-81 所示。

图 13-80 计算机椅案例操作二十三

图 13-81 计算机椅案例操作二十四

操作二十五:选择"矩形工具",分别绘制两个矩形,选择"形状工具",选择矩形,右击选择"转化为曲线"调整矩形的形状,如图 13-82 所示。

操作二十六:选择绘制好的矩形,在"编辑填充"对话框中选择"渐变填充",设置"类型"为"线性渐变填充","镜像、重复和反转"为默认渐变填充,再设置"节点位置"为 0 的色标颜色为(C:98,M:100,Y:64,K:50),"节点位置"为 13% 的色标颜色为(C:96,M:91,Y:82,K:75),"节点位置"为 58% 的色标颜色为(C:78,M:72,Y:43,K:4),"节点位置"为 100% 的色标颜色为(C:78,M:72,Y:43,K:4),设置"轮廓宽度"为 0.2mm,轮廓色标颜色为黑色,如图 13-83 所示。

图 13-82 计算机椅案例操作二十五

图 13-83 计算机椅案例操作二十六

操作二十七:绘制滑轮:选择"矩形工具",先绘制一个矩形,在"编辑填充"对话框中选择色标颜色为黑色进行填充,再选择"矩形工具"绘制一个矩形,在"编辑填充"对话框中选择"渐变填充",设置"类型"为"线性渐变填充","镜像、重复和反转"为默认渐变填充,再设置"节点位置"为 0 的色标颜色为(C:93,M:93,Y:58,K:38),"节点位置"为 21% 的色标颜色为(C:98,M:97,Y:64,K:51),"节点位置"为 72% 的色标颜色为(C:95,M:89,Y:85,K:78),"节点位置"为 100% 的色标颜色为(C:60,M:49,Y:28,K:0),设置"轮廓宽度"为 0.2mm,轮廓色标颜色为黑色。单击"选择工具",选择绘制好的下方矩形,按住 Shift 键水平向右拖动,接着右击进行复制,再松开左键完成复制,如图 13-84 所示。

操作二十八：选择"选择工具"框选绘制好的滑轮,拖动,接着右击进行复制,再松开左键完成复制,如图 13-85 所示。

图 13-84　计算机椅案例操作二十七　　　　图 13-85　计算机椅案例操作二十八

操作二十九：选择"选择工具"框选绘制好的后两组滑轮支架,右击选择"组合对象"进行组合,接着按住 Shift 键将组合好的图形水平向右拖动,接着右击进行复制,再松开左键完成复制,选择"水平镜像"调整方向,如图 13-86 所示。

操作三十：最后选择"选择工具",框选整个图形,右击选择"组合对象"进行组合,绘制完成,完成效果图如图 13-87 所示。

图 13-86　计算机椅案例操作二十九　　　　图 13-87　计算机椅案例完成效果图

13.5　案例五: 沙发案例绘制

本节案例效果图如图 13-88 所示。

操作一：新建一个空白文档,设置页面大小为 A4。

操作二：选择"矩形工具"绘制一个矩形,选择"形状工具",右击转化为曲线,调整矩形的形状,如图 13-89 所示。

操作三：在"编辑填充"对话框中选择"渐变填充",设置"类型"为"线性渐变填充","镜像、重复和反转"为默认渐变填充,再设置"节点位置"为 0 的色标颜色为(C:58,M:100,Y:100,K:51),"节点位置"为 7% 的色标颜色为(C:36,M:100,Y:100,K:5),"节点位置"为

18％的色标颜色为(C:0,M:91,Y:89,K:0),"节点位置"为33％的色标颜色为(C:0,M:74,Y:89,K:0),"节点位置"为47％的色标颜色为(C:0,M:85,Y:87,K:0),"节点位置"为100％的色标颜色为(C:0,M:95,Y:100,K:0),设置轮廓宽度为无,如图13-90所示。

图13-88 沙发案例效果图

图13-89 沙发案例操作二

操作四：选择"矩形工具"绘制一个矩形,选择"形状工具",右击"转化为曲线",调整矩形的形状,如图13-91所示。

图13-90 沙发案例操作三

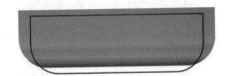

图13-91 沙发案例操作四

操作五：在"编辑填充"对话框中选择色标颜色为(C:34,M:100,Y:100,K:3)进行填充,设置轮廓宽度为无,选择矩形,右击选择"顺序"→"到图层后面",如图13-92所示。

操作六：选择"矩形工具"绘制一个矩形,选择"形状工具",右击转化为曲线,调整矩形的形状,如图13-93所示。

图13-92 沙发案例操作五

图13-93 沙发案例操作六

操作七：在"编辑填充"对话框中选择"渐变填充",设置"类型"为"线性渐变填充","镜像、重复和反转"为默认渐变填充,再设置"节点位置"为0的色标颜色为(C:52,M:100,Y:100,K:38)"节点位置"为100％的色标颜色为(C:22,M:100,Y:100,K:0),设置轮廓宽度为无,如图13-94所示。

操作八：绘制靠枕,选择"矩形工具"绘制一个矩形,选择"形状工具",右击转化为曲线,调整矩形的形状,如图13-95所示。

操作九：在"编辑填充"对话框中选择"渐变填充",设置"类型"为"线性渐变填充","镜像、重复和反转"为默认渐变填充,再设置"节点位置"为0的色标颜色为(C:18,M:100,

Y:100,K:0),"节点位置"为 25％的色标颜色为(C:0,M:98,Y:100,K:0),"节点位置"为 75％的色标颜色为(C:0,M:98,Y:100,K:0),"节点位置"为 100％的色标颜色为(C:18,M:100,Y:100,K:0),设置轮廓宽度为无,如图 13-96 所示。

图 13-94　沙发案例操作七

图 13-95　沙发案例操作八

操作十: 选择"椭圆工具",绘制一个椭圆,选择"形状工具",选择椭圆,右击转化为曲线,调整椭圆的形状,如图 13-97 所示。

图 13-96　沙发案例操作九

图 13-97　沙发案例操作十

操作十一: 在"编辑填充"对话框中选择"渐变填充",设置"类型"为"线性渐变填充","镜像、重复和反转"为默认渐变填充,再设置"节点位置"为 0 的色标颜色为(C:0,M:84,Y:87,K:0),"节点位置"为 8％的色标颜色为(C:0,M:82,Y:86,K:0),"节点位置"为 19％的色标颜色为(C:0,M:56,Y:67,K:0),"节点位置"为 38％的色标颜色为(C:0,M:83,Y:92,K:0),"节点位置"为 64％的色标颜色为(C:0,M:61,Y:74,K:0),"节点位置"为 100％的色标颜色为(C:0,M:56,Y:71,K:0),设置轮廓宽度为无,如图 13-98 所示。

操作十二: 选择"选择工具",框选绘制好的靠枕,右击选择"组合对象"进行组合,再单击图形按住 Shift 键水平向右拖动,接着右击进行复制,再松开左键完成复制,如图 13-99 所示。

图 13-98　沙发案例操作十一

图 13-99　沙发案例操作十二

操作十三: 选择"矩形工具"绘制一个矩形,选择"形状工具",选择矩形的左下角调整它的形状,如图 13-100 所示。

操作十四: 在"编辑填充"对话框中选择"渐变填充",设置"类型"为"线性渐变填充","镜像、重复和反转"为默认渐变填充,再设置"节点位置"为 0 的色标颜色为(C:0,M:49,Y:100,K:0),"节点位置"为 45％的色标颜色为(C:6,M:78,Y:100,K:0),"节点位置"为 75％的色标颜色为(C:20,M:91,Y:100,K:0),"节点位置"为 93％的色标颜色为(C:0,

M:39,Y:73,K:0),"节点位置"为100％的色标颜色为(C:0,M:39,Y:73,K:0),设置轮廓宽度为细线,轮廓色标颜色为(C:30,M:97,Y:100,K:1),如图13-101所示。

图13-100　沙发案例操作十三　　　　　　　图13-101　沙发案例操作十四

操作十五: 选择"选择工具",框选绘制好的图形,单击图形按住Shift键水平向右拖动,接着右击进行复制,再松开左键完成复制,如图13-102所示。

操作十六: 绘制靠背,选择"矩形工具"绘制一个矩形,选择"形状工具"单击矩形,右击选择"转化为曲线"调整它的形状,在"编辑填充"对话框中选择色标颜色为(C:17,M:100,Y:100,K:0)如图6-103所示的图形,选择"形状工具",右击选择"转化为曲线"调整它的形状,在"编辑填充"对话框中选择"渐变填充",设置"类型"为"线性渐变填充","镜像、重复和反转"为默认渐变填充,再设置"节点位置"填充,设置轮廓宽度为无。再选择"钢笔工具"绘制为0的色标颜色为(C:5,M:100,Y:100,K:0),"节点位置"为34％的色标颜色为(C:0,M:94,Y:100,K:0),"节点位置"为69％的色标颜色为(C:0,M:72,Y:80,K:0),"节点位置"为100％的色标颜色为(C:0,M:60,Y:72,K:0),设置轮廓宽度为无,选择"阴影工具"中"调和"单击绘制的图形拖动进行调和,如图13-103所示。

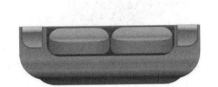

图13-102　沙发案例操作十五　　　　　　　图13-103　沙发案例操作十六

操作十七: 单击"选择工具",框选绘制好的靠背,单击图形按住Shift键水平向右拖动,接着右击进行复制,再松开左键完成复制,如图13-104所示。

操作十八: 绘制沙发脚,选择"矩形工具"绘制一个矩形,选择"形状工具"单击矩形,调整矩形四个角的形状,在"编辑填充"对话框中选择"渐变填充",设置"类型"为"线性渐变填充","镜像、重复和反转"为默认渐变填充,再设置"节点位置"为0的色标颜色为(C:71,M:69,Y:71,K:31),"节点位置"为64％的色标颜色为(C:68,M:54,Y:45,K:0),"节点位置"为69％的色标颜色为(C:0,M:72,Y:80,K:0),"节点位置"为100％的色标颜色为(C:68,M:53,Y:45,K:0),设置轮廓宽度为无,如图13-105所示。

操作十九: 选择"矩形工具"绘制一个矩形,在"编辑填充"对话框中选择"渐变填充",设置"类型"为"线性渐变填充","镜像、重复和反转"为默认渐变填充,再设置"节点位置"为0的色标颜色为(C:82,M:85,Y:75,K:61),"节点位置"为14％的色标颜色为

（C：78，M：77，Y：68，K：42），"节点位置"为 23％的色标颜色为（C：22，M：22，Y：15，K：0），"节点位置"为 37％的色标颜色为（C：22，M：22，Y：15，K：0），"节点位置"为 55％的色标颜色为（C：16，M：13，Y：13，K：0），"节点位置"为 85％的色标颜色为（C：67，M：68，Y：60，K：14），"节点位置"为 100％的色标颜色为（C：67，M：73，Y：69，K：30），设置轮廓宽度为无，如图 13-106 所示。

图 13-104　沙发案例操作十七

图 13-105　沙发案例操作十八

操作二十：选择"椭圆工具"绘制一个半圆，在"编辑填充"对话框中选择"渐变填充"，设置"类型"为"椭圆形渐变填充"，"镜像、重复和反转"为默认渐变填充，再设置"节点位置"为 0 的色标颜色为（C：95，M：87，Y：87，K：78），"节点位置"为 38％的色标颜色为（C：71，M：59，Y：55，K：5），"节点位置"为 70％的色标颜色为（C：73，M：62，Y：58，K：11），"节点位置"为 100％的色标颜色为（C：84，M：80，Y：91，K：70），设置轮廓宽度为无，如图 13-107 所示。

图 13-106　沙发案例操作十九

图 13-107　沙发案例操作二十

操作二十一：选择"选择工具"，框选绘制好的沙发脚，单击选框一角按住 Shift 键进行等比例缩放，接着右击进行复制，再松开左键完成复制，在"编辑填充"对话框中选择颜色进行填充，如图 13-108 所示。

操作二十二：选择"选择工具"，框选绘制好的两个沙发脚，右击进行复制选择"组合对象"进行组合，再选择组合的图形，按住 Shift 键水平向右拖动，接着右击进行复制，再松开左键完成复制，如图 13-109 所示。

图 13-108　沙发案例操作二十一

图 13-109　沙发案例操作二十二

操作二十三：最后选择"选择工具"，框选整个图形，右击选择"组合对象"进行组合，绘制完成，完成效果图如图 13-110 所示。

图 13-110 沙发案例完成效果图

13.6 案例六：摇椅案例绘制

本节案例效果图如图 13-111 所示。

操作一：新建一个空白文档，设置页面大小为 A4。

操作二：绘制椅背，选择"矩形工具"绘制一个矩形，选择"形状工具"选择矩形，右击选择"转化为曲线"调整矩形的形状，如图 13-112 所示。

操作三：在"编辑填充"对话框中选择"渐变填充"，设置"类型"为"线性渐变填充"，"镜像、重复和反转"为默认渐变填充，再设置"节点位置"为 0 的色标颜色为（C：40，M：78，

图 13-111 摇椅案例效果图

Y：100，K：5），"节点位置"为 60％的色标颜色为（C：44，M：92，Y：100，K：13），"节点位置"为 100％的色标颜色为（C：45，M：96，Y：100，K：19），设置轮廓宽度为无，如图 13-113 所示。

图 13-112 摇椅案例操作二

图 13-113 摇椅案例操作三

操作四：选择"选择工具"，选择操作三绘制好的矩形，左击向右拖动，接着右击进行复制，再松开左键完成复制，单击"形状工具"选择矩形，调整矩形的形状，再单击矩形，右击选择"顺序"→"到图层后面"，如图 13-114 所示。

操作五：在"编辑填充"对话框中选择"渐变填充"，设置"类型"为"线性渐变填充"，"镜像、重复和反转"为默认渐变填充，再设置"节点位置"为 0 的色标颜色为（C：47，M：90，Y：100，K：21），"节点位置"为 100％的色标颜色为（C：69，M：95，Y：100，K：67），设置轮廓宽

度为无,如图 13-115 所示。

图 13-114 摇椅案例操作四   图 13-115 摇椅案例操作五

操作六:选择"矩形工具"绘制一个矩形,再选择"形状工具"选择矩形,右击选择"转化为曲线"调整矩形的形状,如图 13-116 所示。

操作七:在"编辑填充"对话框中选择"渐变填充",设置"类型"为"线性渐变填充","镜像、重复和反转"为默认渐变填充,再设置"节点位置"为 0 的色标颜色为(C:47,M:89,Y:100,K:21),"节点位置"为 10%的色标颜色为(C:15,M:69,Y:79,K:0),"节点位置"为 48%的色标颜色为(C:36,M:84,Y:100,K:2),"节点位置"为 59%的色标颜色为(C:60,M:95,Y:100,K:55),"节点位置"为 100%的色标颜色为(C:62,M:95,Y:100,K:57),设置轮廓宽度为无,如图 13-117 所示。

图 13-116 摇椅案例操作六   图 13-117 摇椅案例操作七

操作八:选择"选择工具",选择操作七绘制填充好的矩形,左击向右拖动,接着右击进行复制,再松开左键完成复制,调整它的位置和角度,如图 13-118 所示。

操作九:选择"钢笔工具"绘制坐面,选择"形状工具"调整坐面的形状,如图 13-119 所示。

图 13-118 摇椅案例操作八   图 13-119 摇椅案例操作九

操作十:在"编辑填充"对话框中选择"渐变填充",设置"类型"为"线性渐变填充","镜像、重复和反转"为默认渐变填充,再设置"节点位置"为 0 的色标颜色为(C:0,M:60,Y:

84,K:0),"节点位置"为 19% 的色标颜色为(C:11,M:57,Y:66,K:0),"节点位置"为 72% 的色标颜色为(C:53,M:100,Y:100,K:42),"节点位置"为 100% 的色标颜色为(C:57,M:100,Y:100,K:51),设置轮廓宽度为无,如图 13-120 所示。

操作十一：选择"矩形工具"绘制一个矩形,再选择"形状工具"选择矩形,右击选择"转化为曲线"调整矩形的形状,如图 13-121 所示。

图 13-120 摇椅案例操作十   图 13-121 摇椅案例操作十一

操作十二：在"编辑填充"对话框中选择"渐变填充",设置"类型"为"线性渐变填充","镜像、重复和反转"为默认渐变填充,再设置"节点位置"为 0 的色标颜色为(C:40,M:89,Y:100,K:6),"节点位置"为 100% 的色标颜色为(C:53,M:100,Y:100,K:40),设置轮廓宽度为无,如图 13-122 所示。

操作十三：选择"选择工具",选择操作十二绘制填充好的矩形,左击鼠标向右拖动,接着右击进行复制,再松开左键完成复制,重复复制操作,调整它们的位置和角度,如图 13-123 所示。

图 13-122 摇椅案例操作十二   图 13-123 摇椅案例操作十三

操作十四：选择"钢笔工具"绘制扶手,选择"形状工具"调整扶手的形状,如图 13-124 所示。

操作十五：在"编辑填充"对话框中选择"渐变填充",设置"类型"为"线性渐变填充","镜像、重复和反转"为默认渐变填充,再设置"节点位置"为 0 的色标颜色为(C:65,M:94,Y:100,K:63),"节点位置"为 53% 的色标颜色为(C:47,M:80,Y:100,K:14),"节点位置"为 100% 的色标颜色为(C:38,M:87,Y:100,K:3),设置轮廓宽度为无,如图 13-125 所示。

图 13-124 摇椅案例操作十四   图 13-125 摇椅案例操作十五

操作十六：选择"矩形工具"绘制一个矩形，选择"形状工具"，选择矩形，右击选择"转化为曲线"调整矩形的形状，如图13-126所示。

操作十七：在"编辑填充"对话框中选择"渐变填充"，设置"类型"为"线性渐变填充"，"镜像、重复和反转"为默认渐变填充，再设置"节点位置"为0的色标颜色为(C:19,M:59,Y:85,K:0)，"节点位置"为18%的色标颜色为(C:21,M:62,Y:86,K:0)，"节点位置"为60%的色标颜色为(C:49,M:100,Y:100,K:30)，"节点位置"为69%的色标颜色为(C:59,M:100,Y:100,K:55)，"节点位置"为100%的色标颜色为(C:60,M:100,Y:100,K:56)，设置轮廓宽度为无，如图13-127所示。

图13-126　摇椅案例操作十六

图13-127　摇椅案例操作十七

操作十八：选择"选择工具"，选择操作十七绘制填充好的矩形，左击向右拖动，接着右击进行复制，再松开左键完成复制，重复复制操作，再选择"形状工具"，选择矩形，右击选择"转化为曲线"调整矩形的形状，如图13-128所示。

操作十九：选择"选择工具"，框选绘制好的扶手，左击向左拖动，接着右击进行复制，再松开左键完成复制，再选择"形状工具"调整形状，如图13-129所示。

图13-128　摇椅案例操作十八

图13-129　摇椅案例操作十九

操作二十：选择"矩形工具"绘制一个矩形，选择"形状工具"，选择矩形，右击选择"转化为曲线"调整矩形的形状，如图13-130所示。

操作二十一：在"编辑填充"对话框中选择"渐变填充"，设置"类型"为"线性渐变填充"，"镜像、重复和反转"为默认渐变填充，再设置"节点位置"为0的色标颜色为(C:7,M:44,Y:64,K:0)，"节点位置"为21%的色标颜色为(C:13,M:31,Y:95,K:0)，"节点位置"为57%的色标颜色为(C:33,M:78,Y:100,K:1)，"节点位置"为100%的色标颜色为(C:36,M:81,Y:100,K:2)，设置轮廓宽度为无，如图13-131所示。

图 13-130　摇椅案例操作二十

图 13-131　摇椅案例操作二十一

操作二十二：选择"钢笔工具"绘制座椅侧面，选择"形状工具"调整形状，如图 13-132 所示。

操作二十三：在"编辑填充"对话框中选择色标颜色为（C：57，M：93，Y：100，K：48）进行填充，设置轮廓宽度为无，如图 13-133 所示。

图 13-132　摇椅案例操作二十二

图 13-133　摇椅案例操作二十三

操作二十四：选择"矩形工具"绘制一个矩形，再选择"形状工具"选择矩形，右击选择"转化为曲线"调整矩形的形状，如图 13-134 所示。

操作二十五：在"编辑填充"对话框中选择"渐变填充"，设置"类型"为"线性渐变填充"，"镜像、重复和反转"为默认渐变填充，再设置"节点位置"为 0 的色标颜色为（C：56，M：96，Y：100，K：49），"节点位置"为 25％的色标颜色为（C：56，M：96，Y：100，K：49），"节点位置"为 40％的色标颜色为（C：45，M：91，Y：100，K：16），"节点位置"为 47％的色标颜色为（C：32，M：78，Y：100，K：1），"节点位置"为 53％的色标颜色为（C：45，M：80，Y：100，K：12），"节点位置"为 57％的色标颜色为（C：56，M：96，Y：100，K：47），"节点位置"为 100％的色标颜色为（C：56，M：96，Y：100，K：49），设置轮廓宽度为无，如图 13-135 所示。

图 13-134　摇椅案例操作二十四

图 13-135　摇椅案例操作二十五

操作二十六：选择"矩形工具"绘制一个矩形，选择"形状工具"，选择矩形，右击选择"转化为曲线"调整矩形的形状，如图 13-136 所示。

操作二十七：在"编辑填充"对话框中选择"渐变填充"，设置"类型"为"线性渐变填充"，"镜像、重复和反转"为默认渐变填充，再设置"节点位置"为 0 的色标颜色为（C:56,M:96,Y:100,K:49），"节点位置"为 25％的色标颜色为（C:56,M:96,Y:100,K:49），"节点位置"为 39％的色标颜色为（C:45,M:91,Y:100,K:16），"节点位置"为 51％的色标颜色为（C:32,M:78,Y:100,K:1），"节点位置"为 58％的色标颜色为（C:45,M:80,Y:100,K:12），"节点位置"为 100％的色标颜色为（C:56,M:96,Y:100,K:49），设置轮廓宽度为无，如图 13-137 所示。

图 13-136　摇椅案例操作二十六

图 13-137　摇椅案例操作二十七

操作二十八：选择"矩形工具"绘制一个矩形，选择"形状工具"，选择矩形，右击选择"转化为曲线"调整矩形的形状，如图 13-138 所示

操作二十九：在"编辑填充"对话框中选择"渐变填充"，设置"类型"为"线性渐变填充"，"镜像、重复和反转"为默认渐变填充，再设置"节点位置"为 0 的色标颜色为（C:43,M:100,Y:75,K:7），"节点位置"为 48％的色标颜色为（C:48,M:100,Y:100,K:28），"节点位置"为 100％的色标颜色为（C:53,M:100,Y:100,K:42），设置轮廓宽度为细线，轮廓色标颜色为（C:65,M:86,Y:100,K:58），如图 13-139 所示。

图 13-138　摇椅案例操作二十八

图 13-139　摇椅案例操作二十九

操作三十：选择"选择工具"框选椅腿部分，左击向右拖动，接着右击进行复制，再松开左键完成复制，选择"形状工具"调整它的形状，如图 13-140 所示。

操作三十一：绘制反光，选择"椭圆工具"，绘制一个椭圆，选择"形状工具"单击椭圆,右击选择"转化为曲线"调整它的形状,在"编辑填充"对话框中选择"渐变填充",设置"类型"为"线性渐变填充","镜像、重复和反转"为默认渐变填充,再设置"节点位置"为 0 的色标颜色为(C:12,M:72,Y:84,K:0),"节点位置"为 100% 的色标颜色为(C:13,M:41,Y:47,K:0),节点透明度为 37%,设置轮廓宽度为无,如图 13-141 所示。

图 13-140　摇椅案例操作三十　　　　　　图 13-141　摇椅案例操作三十一

操作三十二:绘制阴影,选择"阴影工具",选择阴影,单击椅腿拖动,调整角度,最后单击"选择工具",框选整个图形,右击选择"组合对象"进行组合,绘制完成,完成效果图如图 13-142 所示。

图 13-142　摇椅案例完成效果图

第 14 章

交通工具产品绘制

14.1 案例一：高铁机车案例绘制

本节案例效果图如图 14-1 所示。

操作一：新建一个空白文档，设置页面大小为 A4。

操作二：选择"钢笔工具"绘制高铁机车的外轮廓，选择"形状工具"调整形状，如图 14-2 所示。

操作三：在"编辑填充"对话框中选择色标颜色为（C:13,M:7,Y:6,K:0）进行填充，设置轮廓宽度为无，如图 14-3 所示。

图 14-1　高铁机车案例效果图

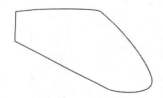

图 14-2　高铁机车案例操作二

图 14-3　高铁机车案例操作三

操作四：选择"钢笔工具"绘制高铁机车前面部分外轮廓，选择"形状工具"调整形状，如图 14-4 所示。

操作五：在"编辑填充"对话框中选择"渐变填充"，设置"类型"为"线性渐变填充"，"镜像、重复和反转"为默认渐变填充，再设置"节点位置"为 0 的色标颜色为黑色，"节点位置"为 44% 的色标颜色为（C:68,M:61,Y:58,K:9），"节点位置"为 100% 的色标颜色为（C:70,M:66,Y:62,K:17），设置轮廓宽度为无，如图 15-5 所示。

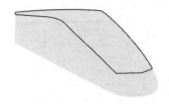

图 14-4　高铁机车案例操作四

图 14-5　高铁机车案例操作五

操作六：选择"钢笔工具"绘制高铁机车前面部分的色块，选择"形状工具"调整形状，如图 14-6 所示。

操作七：选择左边色块，在"编辑填充"对话框中选择"渐变填充"，设置"类型"为"线性渐变填充"，"镜像、重复和反转"为默认渐变填充，再设置"节点位置"为 0 的色标颜色为(C:45,M:20,Y:0,K:0)，"节点位置"为 42％ 的色标颜色为(C:45,M:20,Y:0,K:0)，"节点位置"为 100％ 的色标颜色为(C:67,M:37,Y:0,K:0)，设置轮廓宽度为无，如图 14-7 所示。

图 14-6　高铁机车案例操作六

图 14-7　高铁机车案例操作七

操作八：选择右边色块，在"编辑填充"对话框中选择"渐变填充"，设置"类型"为"线性渐变填充"，"镜像、重复和反转"为默认渐变填充，再设置"节点位置"为 0 的色标颜色为(C:35,M:17,Y:4,K:0)，"节点位置"为 100％ 的色标颜色为(C:27,M:11,Y:0,K:0)，设置轮廓宽度为无，如图 14-8 所示。

操作九：选择"钢笔工具"绘制高铁机车顶部的色块，再选择"形状工具"调整形状，如图 14-9 所示。

图 14-8　高铁机车案例操作八

图 14-9　高铁机车案例操作九

操作十：在"编辑填充"对话框中选择"渐变填充"，设置"类型"为"线性渐变填充"，"镜像、重复和反转"为默认渐变填充，再设置"节点位置"为 0 的色标颜色为(C:81,M:91,Y:90,K:75)，"节点位置"为 75％ 的色标颜色为(C:76,M:79,Y:77,K:56)，"节点位置"为 100％ 的色标颜色为(C:69,M:62,Y:61,K:12)，设置轮廓宽度为无，如图 14-10 所示。

操作十一：选择"钢笔工具"绘制高铁机车顶部右边的色块，选择"形状工具"调整形状，如图 14-11 所示。

图 14-10　高铁机车案例操作十

图 14-11　高铁机车案例操作十一

操作十二：在"编辑填充"对话框中选择"渐变填充"，设置"类型"为"线性渐变填充"，"镜像、重复和反转"为默认渐变填充，再设置"节点位置"为 0 的色标颜色为(C:38，M:31，Y:29，K:0)，"节点位置"为 100%的色标颜色为(C:63，M:57，Y:48，K:1)，设置轮廓宽度为无，如图 14-12 所示。

操作十三：选择"钢笔工具"绘制车头线条，选择"形状工具"调整形状，在"编辑填充"对话框中选择色标颜色为(C:36，M:19，Y:14，K:0)进行填充，如图 14-13 所示。

图 14-12　高铁机车案例操作十二　　　　　图 14-13　高铁机车案例操作十三

操作十四：绘制车窗，选择"矩形工具"分别绘制两个矩形，选择"形状工具"单击矩形，右击选择"转化为曲线"调整形状，如图 14-14 所示。

操作十五：选择上面的矩形，在"编辑填充"对话框中选择"渐变填充"，设置"类型"为"线性渐变填充"，"镜像、重复和反转"为默认渐变填充，再设置"节点位置"为 0 的色标颜色为(C:38，M:36，Y:33，K:0)，"节点位置"为 14%的色标颜色为(C:38，M:36，Y:33，K:0)，"节点位置"为 18%的色标颜色为(C:45，M:41，Y:38，K:0)，"节点位置"为 33%的色标颜色为(C:45，M:41，Y:38，K:0)，"节点位置"为 36%的色标颜色为(C:35，M:30，Y:27，K:0)，"节点位置"为 58%的色标颜色为(C:35，M:30，Y:27，K:0)，"节点位置"为 63%的色标颜色为(C:43，M:38，Y:36，K:0)，"节点位置"为 80%的色标颜色为(C:43，M:38，Y:36，K:0)，"节点位置"为 85%的色标颜色为(C:53，M:45，Y:43，K:0)，"节点位置"为 100%的色标颜色为(C:53，M:45，Y:43，K:0)，设置轮廓宽度为无，如图 14-15 所示。

图 14-14　高铁机车案例操作十四　　　　　图 14-15　高铁机车案例操作十五

操作十六：选择下面的矩形，在"编辑填充"对话框中选择"渐变填充"，设置"类型"为"线性渐变填充"，"镜像、重复和反转"为默认渐变填充，再设置"节点位置"为 0 的色标颜色为(C:64，M:55，Y:51，K:1)，"节点位置"为 12%的色标颜色为(C:64，M:55，Y:51，K:1)，"节点位置"为 19%的色标颜色为(C:70，M:61，Y:56，K:8)，"节点位置"为 33%的色标颜色为(C:70，M:61，Y:56，K:8)，"节点位置"为 38%的色标颜色为(C:61，M:51，Y:45，K:0)，"节点位置"为 49%的色标颜色为(C:61，M:51，Y:45，K:0)，"节点位置"为 58%的色标颜色为(C:76，M:68，Y:64，K:23)，"节点位置"为 76%的色标颜色为(C:76，M:68，Y:64，

K:23),"节点位置"为85%的色标颜色为(C:86,M:82,Y:78,K:65),"节点位置"为100%的色标颜色为(C:86,M:82,Y:78,K:65),设置轮廓宽度为无,如图14-16所示。

操作十七:绘制车门,先选择"矩形工具",绘制两个矩形,再选择"形状工具",单击矩形,右击选择"转化为曲线"调整形状,如图14-17所示。

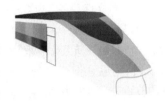

图 14-16 高铁机车案例操作十六   图 14-17 高铁机车案例操作十七

操作十八:选择车门上面的矩形,在"编辑填充"对话框中选择"渐变填充",设置"类型"为"线性渐变填充","镜像、重复和反转"为默认渐变填充,再设置"节点位置"为0的色标颜色为黑色,"节点位置"为68%的色标颜色为(C:73,M:63,Y:57,K:10),"节点位置"为100%的色标颜色为(C:69,M:60,Y:54,K:5),设置轮廓宽度为无。选择车门,在"编辑填充"对话框中选择"渐变填充",设置"类型"为"线性渐变填充","镜像、重复和反转"为默认渐变填充,再设置"节点位置"为0的色标颜色为(C:44,M:36,Y:33,K:0),"节点位置"为100%的色标颜色为(C:11,M:7,Y:7,K:0),设置轮廓宽度为无,如图14-18所示。

操作十九:绘制车身的线条,选择"矩形工具",绘制一个矩形,选择"形状工具",单击矩形,右击选择"转化为曲线"调整形状,如图14-19所示。

图 14-18 高铁机车案例操作十八   图 14-19 高铁机车案例操作十九

操作二十:在"编辑填充"对话框中选择色标颜色为(C:49,M:20,Y:0,K:0)进行填充,设置轮廓宽度为无,如图14-20所示。

操作二十一:绘制车灯,选择"钢笔工具"绘制灯的外轮廓,选择"形状工具",调整形状,如图14-21所示。

图 14-20 高铁机车案例操作二十   图 14-21 高铁机车案例操作二十一

操作二十二：在"编辑填充"对话框中选择"渐变填充"，设置"类型"为"线性渐变填充"，"镜像、重复和反转"为默认渐变填充，再设置"节点位置"为 0 的色标颜色为(C:60,M:52,Y:48,K:0)，"节点位置"为 12％的色标颜色为(C:64,M:56,Y:52,K:2)，"节点位置"为 35％的色标颜色为(C:93,M:88,Y:89,K:80)，"节点位置"为 55％的色标颜色为(C:93,M:88,Y:89,K:80)，"节点位置"为 89％的色标颜色为(C:69,M:60,Y:57,K:7)，"节点位置"为 100％的色标颜色为(C:69,M:60,Y:57,K:7)，设置轮廓宽度为无。再选择"椭圆工具"绘制一个圆，在"编辑填充"对话框中选择"渐变填充"，设置"类型"为"椭圆渐变填充"，"镜像、重复和反转"为默认渐变填充，再设置"节点位置"为 0 的色标颜色为(C:87,M:80,Y:73,K:56)，"节点位置"为 100％的色标颜色为(C:42,M:35,Y:29,K:0)，设置轮廓宽度为无。以同样的方式绘制出另一只车灯，如图 14-22 所示。

操作二十三：绘制车头反光，选择"钢笔工具"绘制反光的轮廓，选择"形状工具"，调整形状，如图 14-23 所示。

图 14-22　高铁机车案例操作二十二

图 14-23　高铁机车案例操作二十三

操作二十四：在"编辑填充"对话框中选择"渐变填充"，设置"类型"为"线性渐变填充"，"镜像、重复和反转"为默认渐变填充，再设置"节点位置"为 0 的色标颜色为(C:6,M:4,Y:3,K:0)，"节点位置"为 17％的色标颜色为(C:14,M:7,Y:4,K:0)，"节点透明度"为 2％，"节点位置"为 50％的色标颜色为(C:31,M:16,Y:7,K:0)，"节点透明度"为 8％，"节点位置"为 80％的色标颜色为(C:14,M:4,Y:0,K:0)，"节点透明度"为 13％，"节点位置"为 100％的色标颜色为(C:27,M:12,Y:9,K:0)，"节点透明度"为 34％，设置轮廓宽度为无，如图 14-24 所示。

操作二十五：绘制车底阴影，选择"钢笔工具"绘制阴影的轮廓，选择"形状工具"，调整形状，在"编辑填充"对话框中选择色标颜色为(C:60,M:51,Y:47,K:0)进行填充，设置轮廓宽度为无，如图 14-25 所示。

图 14-24　高铁机车案例操作二十四

图 14-25　高铁机车案例操作二十五

操作二十六：绘制车身反光，选择"钢笔工具"绘制反光的轮廓，选择"形状工具"，调整形状，如图 14-26 所示。

操作二十七：在"编辑填充"对话框中选择"渐变填充"，设置"类型"为"线性渐变填充"，"镜像、重复和反转"为默认渐变填充，再设置"节点位置"为 0 的色标颜色为(C：31，M：15，Y：0，K：0)，"节点透明度度"为 32％，"节点位置"为 49％的色标颜色为(C：20，M：10，Y：0，K：0)，"节点位置"为 100％的色标颜色为(C：20，M：10，Y：0，K：0)，"节点透明度度"为12％，设置轮廓宽度为无，如图 14-27 所示。

图 14-26 高铁机车案例操作二十六

图 14-27 高铁机车案例操作二十七

操作二十八：最后选择"选择工具"，框选整个图形，右击选择"组合对象"进行组合，绘制完成，完成效果图如图 14-28 所示。

图 14-28 高铁机车案例完成效果图

14.2 案例二：轮船案例绘制

本节案例效果图如图 14-29 所示。

操作一：新建一个空白文档，设置页面大小为 A4。

操作二：选择"钢笔工具"绘制轮船的外轮廓，选择"形状工具"，调整形状，如图 14-30 所示。

图 14-29 轮船案例效果图

图 14-30 轮船案例操作二

操作三：选择船的侧面，在"编辑填充"对话框中选择"渐变填充"，设置"类型"为

"线性渐变填充","镜像、重复和反转"为默认渐变填充,再设置"节点位置"为 0 的色标颜色为白色,"节点位置"为 60％的色标颜色为(C:0,M:2,Y:3,K:0),"节点位置"为 100％的色标颜色为(C:33,M:24,Y:18,K:0),设置轮廓宽度为无。选择船的顶面,在"编辑填充"对话框中选择"渐变填充",设置"类型"为"线性渐变填充","镜像、重复和反转"为默认渐变填充,再设置"节点位置"为 0 的色标颜色为(C:28,M:20,Y:20,K:0),"节点位置"为 100％的色标颜色为(C:7,M:4,Y:4,K:0),设置轮廓宽度为无,如图 14-31 所示。

操作四:绘制侧面部分,选择"钢笔工具"绘制轮船的侧面轮廓,选择"形状工具",调整形状,如图 14-32 所示。

图 14-31　轮船案例操作三　　　　　　图 14-32　轮船案例操作四

操作五:在"编辑填充"对话框中选择"渐变填充",设置"类型"为"线性渐变填充","镜像、重复和反转"为默认渐变填充,再设置"节点位置"为 0 的色标颜色为(C:74,M:44,Y:5,K:0),"节点位置"为 33％的色标颜色为(C:47,M:17,Y:0,K:0),"节点位置"为 76％的色标颜色为(C:74,M:44,Y:5,K:0),"节点位置"为 100％的色标颜色为(C:83,M:58,Y:12,K:0),设置轮廓宽度为无,如图 14-33 所示。

操作六:绘制甲板,选择"钢笔工具"绘制轮廓,选择"形状工具",调整形状,如图 14-34 所示。

图 14-33　轮船案例操作五　　　　　　图 14-34　轮船案例操作六

操作七:在"编辑填充"对话框中选择"渐变填充",设置"类型"为"线性渐变填充","镜像、重复和反转"为默认渐变填充,再设置"节点位置"为 0 的色标颜色为(C:39,M:31,Y:29,K:0),"节点位置"为 100％的色标颜色为(C:65,M:57,Y:54,K:3),设置轮廓宽度为无,如图 14-35 所示。

操作八:绘制船舱,选择"矩形工具"绘制三个矩形,选择"形状工具",单击矩形,右击选择"转化为曲线"调整矩形的形状,如图 14-36 所示。

操作九:选择矩形左侧面在"编辑填充"对话框中选择色标颜色为(C:17,M:13,Y:13,K:0)进行填充,设置轮廓宽度为无,选择矩形右侧面在"编辑填充"对话框中选择色标颜色为(C:3,M:0,Y:2,K:0)进行填充,设置轮廓宽度为无,选择矩形顶面,在"编辑填充"对话框中选择色标颜色为(C:31,M:24,Y:24,K:0)进行填充,设置轮廓宽度为无,如

图 14-37 所示。

图 14-35 轮船案例操作七

图 14-36 轮船案例操作八

操作十：选择"矩形工具"绘制三个矩形，选择"形状工具"，单击矩形，右击选择"转化为曲线"调整矩形的形状，如图 14-38 所示。

图 14-37 轮船案例操作九

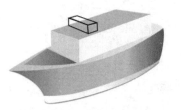

图 14-38 轮船案例操作十

操作十一：选择矩形左侧面，在"编辑填充"对话框中选择色标颜色为(C:34,M:25,Y:26,K:0)进行填充，设置轮廓宽度为无，选择矩形右侧面，在"编辑填充"对话框中选择"渐变填充"，设置"类型"为"线性渐变填充"，"镜像、重复和反转"为默认渐变填充，再设置"节点位置"为 0 的色标颜色为(C:25,M:18,Y:20,K:0)，"节点位置"为 100％的色标颜色为白色，设置轮廓宽度为无，选择矩形顶面，在"编辑填充"对话框中选择"渐变填充"，设置"类型"为"线性渐变填充"，"镜像、重复和反转"为默认渐变填充，再设置"节点位置"为 0 的色标颜色为(C:22,M:17,Y:16,K:0)，"节点位置"为 51％的色标颜色为白色，"节点位置"为 100％的色标颜色为白色，设置轮廓宽度为无，如图 14-39 所示。

操作十二：选择"矩形工具"绘制三个矩形，选择"形状工具"，单击矩形，右击选择"转化为曲线"调整矩形的形状，如图 14-40 所示。

图 14-39 轮船案例操作十一

图 14-40 轮船案例操作十二

操作十三：选择矩形左侧面，在"编辑填充"对话框中选择色标颜色为(C:96,M:79,Y:32,K:0)进行填充，设置轮廓宽度为无，选择矩形正面，在"编辑填充"对话框中选择"渐变填充"，设置"类型"为"线性渐变填充"，"镜像、重复和反转"为默认渐变填充，再设置

"节点位置"为 0 的色标颜色为(C:58,M:27,Y:0,K:0),"节点位置"为 100% 的色标颜色为(C:47,M:18,Y:0,K:0),设置轮廓宽度为无,选择矩形顶面,在"编辑填充"对话框中选择色标颜色为(C:35,M:9,Y:0,K:0)进行填充,设置轮廓宽度为无,如图 14-41 所示。

操作十四:选择"矩形工具"绘制三个矩形,选择"形状工具",单击矩形,右击选择"转化为曲线"调整矩形的形状,如图 14-42 所示。

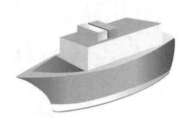

图 14-41　轮船案例操作十三

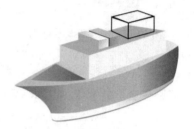

图 14-42　轮船案例操作十四

操作十五:选择矩形左侧面,在"编辑填充"对话框中选择"渐变填充",设置"类型"为"线性渐变填充","镜像、重复和反转"为默认渐变填充,再设置"节点位置"为 0 的色标颜色为(C:47,M:38,Y:36,K:0),"节点位置",100% 的色标颜色为(C:26,M:22,Y:19,K:0),设置轮廓宽度为无,选择矩形右侧面,在"编辑填充"对话框中选择"渐变填充",设置"类型"为"线性渐变填充","镜像、重复和反转"为默认渐变填充,再设置"节点位置"为 0 的色标颜色为(C:18,M:13,Y:12,K:0),"节点位置"为 100% 的色标颜色为(C:14,M:11,Y:11,K:0),设置轮廓宽度为无,选择矩形顶面,在"编辑填充"对话框中选择色标颜色为(C:6,M:5,Y:4,K:0)进行填充,设置轮廓宽度为无,如图 14-43 所示。

操作十六:选择"矩形工具"绘制两个矩形,选择"形状工具"单击矩形,右击选择"转化为曲线"调整矩形的形状,再选择"椭圆工具"绘制一个椭圆,边缘与矩形边缘重合,如图 14-44 所示。

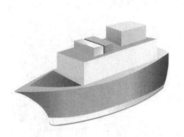

图 14-43　轮船案例操作十五

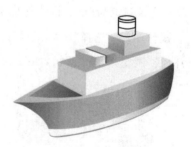

图 14-44　轮船案例操作十六

操作十七:选择矩形左侧面,在"编辑填充"对话框中选择"渐变填充",设置"类型"为"线性渐变填充","镜像、重复和反转"为默认渐变填充,再设置"节点位置"为 0 的色标颜色为(C:69,M:60,Y:61,K:9),"节点位置"为 29% 的色标颜色为(C:69,M:60,Y:61,K:9),"节点位置"为 40% 的色标颜色为(C:48,M:38,Y:36,K:0),"节点位置"为 49% 的色标颜色为(C:21,M:14,Y:13,K:0),"节点位置"为 62% 的色标颜色为(C:60,M:49,Y:45,K:

0),"节点位置"为79%的色标颜色为(C:77,M:71,Y:66,K:30),"节点位置"为100%的色标颜色为(C:78,M:72,Y:67,K:33),设置轮廓宽度为无。选择小的矩形,在"编辑填充"对话框中选择"渐变填充",设置"类型"为"线性渐变填充","镜像、重复和反转"为默认渐变填充,再设置"节点位置"为0的色标颜色为(C:73,M:45,Y:4,K:0),"节点位置"为53%色标颜色为(C:29,M:9,Y:0,K:0),"节点位置"为100%的色标颜色为(C:62,M:29,Y:4,K:0),设置轮廓宽度为无。选择绘制的椭圆,在"编辑填充"对话框中选择色标颜色为(C:77,M:70,Y:67,K:33)进行填充,设置轮廓宽度为无,如图14-45所示。

操作十八:选择"矩形工具"绘制一个矩形,选择"形状工具"单击矩形,右击选择"转化为曲线"调整矩形的形状,如图14-46所示。

图14-45 轮船案例操作十七

图14-46 轮船案例操作十八

操作十九:选择矩形,在"编辑填充"对话框中选择色标颜色为(C:50,M:40,Y:37,K:0)进行填充,设置轮廓宽度为无,再单击"选择工具",选择绘制好的矩形,左击拖动,接着右击进行复制,再松开左键完成复制,重复复制操作,如图14-47所示。

操作二十:选择"矩形工具"绘制一个矩形,选择"形状工具"单击矩形,右击选择"转化为曲线"调整矩形的形状,如图14-48所示。

图14-47 轮船案例操作十九

图14-48 轮船案例操作二十

操作二十一:选择矩形,在"编辑填充"对话框中选择色标颜色为(C:50,M:40,Y:37,K:0)进行填充,设置轮廓宽度为无,再单击"选择工具"选择绘制好的矩形,左击拖动,接着右击进行复制,再松开左键完成复制,重复复制操作,如图14-49所示。

操作二十二:选择"矩形工具"绘制如图7-102所示的矩形,选择"形状工具"单击矩形,右击选择"转化为曲线"调整矩形的形状,如图14-50所示。

操作二十三:选择绘制好的矩形,在"编辑填充"对话框中选择色标颜色为(C:50,M:40,Y:37,K:0)进行填充,设置轮廓宽度为无,如图14-51所示。

图 14-49　轮船案例操作二十一

图 14-50　轮船案例操作二十二

操作二十四：单击"阴影工具"，绘制轮船的阴影，如图 14-52 所示。

图 14-51　轮船案例操作二十三

图 14-52　轮船案例操作二十四

操作二十五：最后选择"选择工具"，框选整个图形，右击选择"组合对象"进行组合，绘制完成，完成效果图如图 14-53 所示。

图 14-53　轮船案例完成效果图

14.3　案例三：飞机案例绘制

本节案例效果图如图 14-54 所示。

图 14-54　飞机案例效果图

操作一：新建一个空白文档，设置页面大小为A4。

操作二：选择"钢笔工具"，绘制机身的外轮廓，如图14-55所示。

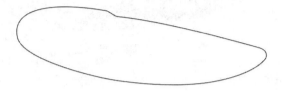

图14-55　飞机案例操作二

操作三：在"编辑填充"对话框中选择"渐变填充"，设置"类型"为"线性渐变填充"，"镜像、重复和反转"为默认渐变填充，再设置"节点位置"为0的色标颜色为(C:39,M:28,Y:27,K:0)，"节点位置"为20％的色标颜色为(C:24,M:15,Y:15,K:0)，"节点位置"为36％的色标颜色为(C:6,M:5,Y:4,K:0)，"节点位置"为44％的色标颜色为(C:7,M:5,Y:5,K:0)，"节点位置"为56％的色标颜色为(C:29,M:18,Y:18,K:0)，"节点位置"为100％的色标颜色为(C:42,M:30,Y:28,K:0)，设置轮廓宽度为无，如图14-56所示。

图14-56　飞机案例操作三

操作四：选择"钢笔工具"，绘制飞机底部的形状，选择"形状工具"调整形状，如图14-57所示。

图14-57　飞机案例操作四

操作五：在"编辑填充"对话框中选择"渐变填充"，设置"类型"为"线性渐变填充"，"镜像、重复和反转"为默认渐变填充，再设置"节点位置"为0的色标颜色为(C:51,M:100,Y:100,K:38)，"节点位置"为25％的色标颜色为(C:49,M:100,Y:100,K:30)，"节点位置"为44％的色标颜色为(C:18,M:100,Y:100,K:0)，"节点位置"为52％的色标颜色为(C:18,M:100,Y:100,K:0)，"节点位置"为59％的色标颜色为(C:51,M:100,Y:100,K:38)，"节点位置"为100％的色标颜色为(C:51,M:100,Y:100,K:38)，设置轮廓宽度为无，如图14-58所示。

操作六：绘制机翼，选择"椭圆工具"，绘制一个椭圆，选择"形状工具"，单击绘制好

图 14-58　飞机案例操作五

的椭圆,右击选择"转化为曲线"调整形状,如图 14-59 所示。

图 14-59　飞机案例操作六

操作七:在"编辑填充"对话框中选择"渐变填充",设置"类型"为"线性渐变填充","镜像、重复和反转"为默认渐变填充,再设置"节点位置"为 0 的色标颜色为(C:50,M:40,Y:37,K:0),"节点位置"为 27% 的色标颜色为(C:52,M:34,Y:31,K:0),"节点位置"为 35% 的色标颜色为(C:34,M:19,Y:18,K:0),"节点位置"为 64% 的色标颜色为(C:19,M:11,Y:10,K:0),"节点位置"为 76% 的色标颜色为白色,"节点位置"为 100% 的色标颜色为白色,设置轮廓宽度为无,如图 14-60 所示。

图 14-60　飞机案例操作七

操作八:选择"矩形工具",绘制一个矩形,选择"形状工具",单击绘制好的矩形,右击选择"转化为曲线"调整形状,如图 14-61 所示。

图 14-61　飞机案例操作八

操作九:在"编辑填充"对话框中选择"渐变填充",设置"类型"为"线性渐变填充","镜像、重复和反转"为默认渐变填充,再设置"节点位置"为 0 的色标颜色为(C:53,M:99,Y:100,K:41),"节点位置"为 16% 的色标颜色为(C:51,M:100,Y:100,K:35),"节点位置"

为 57% 的色标颜色为(C:11,M:100,Y:100,K:0),"节点位置"为 100% 的色标颜色为(C:2,M:96,Y:100,K:0),设置轮廓宽度为细线,轮廓色标颜色为(C:53,M:99,Y:100,K:41),如图 14-62 所示。

图 14-62　飞机案例操作九

操作十：绘制尾翼,选择"矩形工具",绘制一个矩形,选择"形状工具",单击绘制好的矩形,右击选择"转化为曲线"调整形状,如图 14-63 所示。

图 14-63　飞机案例操作十

操作十一：在"编辑填充"对话框中选择色标颜色为(C:48 M:100 Y:100 K:27)进行填充,设置轮廓宽度为无,如图 14-64 所示。

图 14-64　飞机案例操作十一

操作十二：单击"选择工具"选择绘制好的尾翼,选择选框一角按住 Shift 键进行等比例缩放,接着右击进行复制,再松开左键完成复制,如图 14-65 所示。

操作十三：在"编辑填充"对话框中选择"渐变填充",设置"类型"为"线性渐变填充","镜像、重复和反转"为默认渐变填充,再设置"节点位置"为 0 的色标颜色为(C:48,M:100,Y:100,K:27),"节点位置"为 32% 的色标颜色为(C:44,M:100,Y:100,K:17),"节点位置"为 100% 的色标颜色为(C:0,M:100,Y:100,K:0),设置轮廓宽度为无,如图 14-66 所示。

图 14-65　飞机案例
操作十二

操作十四：选择"椭圆工具",绘制一个椭圆,选择"形状工具",单击绘制好的椭圆,右击选择"转化为曲线"调整形状,如图 14-67 所示。

图14-66　飞机案例操作十三

图14-67　飞机案例操作十四

操作十五：在"编辑填充"对话框中选择"渐变填充"，设置"类型"为"线性渐变填充"，"镜像、重复和反转"为默认渐变填充，再设置"节点位置"为0的色标颜色为(C:47,M:30,Y:31,K:0)，"节点位置"为36%的色标颜色为(C:49,M:36,Y:35,K:0)，"节点位置"为53%的色标颜色为(C:21,M:13,Y:13,K:0)，"节点位置"为62%的色标颜色为白色，"节点位置"为100%的色标颜色为白色，设置轮廓宽度为无，如图14-68所示。

图14-68　飞机案例操作十五

操作十六：选择"椭圆工具"，选择"饼图"绘制一个半圆，选择"形状工具"，单击绘制好的半圆，右击选择"转化为曲线"调整形状，如图14-69所示。

操作十七：在"编辑填充"对话框中选择"渐变填充"，设置"类型"为"线性渐变填充"，"镜像、重复和反转"为默认渐变填充，再设置"节点位置"为0的色标颜色为(C:91,M:68,Y:67,K:33)，"节点位置"为34%的色标颜色为(C:87,M:64,Y:65,K:25)，"节点位置"为71%的色标颜色为(C:63,M:39,Y:39,K:0)，"节点位置"为100%的色标颜色为(C:57,M:33,Y:33,K:0)，设置轮廓宽度为无，如图14-70所示。

图14-69　飞机案例操作十六

图14-70　飞机案例操作十七

操作十八：绘制窗户，选择"矩形工具"，绘制一个矩形，再选择"形状工具"单击绘制好的矩形，右击选择"转化为曲线"调整形状，在"编辑填充"对话框中选择色标颜色为(C:81,M:65,Y:65,K:25)进行填充，设置轮廓宽度为无，单击绘制好的窗户进行复制，如图14-71所示。

图14-71 飞机案例操作十八

操作十九：绘制机头的反光,选择"钢笔工具"绘制反光的形状,选择"形状工具"调整形状,如图14-72所示。

操作二十：在"编辑填充"对话框中选择"渐变填充",设置"类型"为"线性渐变填充","镜像、重复和反转"为默认渐变填充,再设置"节点位置"为0的色标颜色为(C:29,M:21,Y:20,K:0),"节点位置"为42％的色标颜色为(C:2,M:1,Y:0,K:0),"节点位置"为76％的色标颜色为白色,"节点位置"为100％的色标颜色为(C:20,M:12,Y:13,K:0),设置轮廓宽度为无,如图14-73所示。

图14-72 飞机案例操作十九

图14-73 飞机案例操作二十

操作二十一：绘制机身反光,选择"钢笔工具"绘制反光的形状,再选择"形状工具"调整形状,如图14-74所示。

图14-74 飞机案例操作二十一

操作二十二：在"编辑填充"对话框中选择"渐变填充",设置"类型"为"线性渐变填充","镜像、重复和反转"为默认渐变填充,再设置"节点位置"为0的色标颜色为(C:6,M:5,Y:4,K:0),"节点位置"为64％的色标颜色为白色,"节点位置"为100％的色标颜色为白色,设置轮廓宽度为无,如图14-75所示。

图14-75 飞机案例操作二十二

操作二十三：绘制阴影,选择"椭圆工具",绘制一个椭圆,单击"形状工具",单击椭圆右击选择"转化为曲线"调整形状,如图 14-76 所示。

图 14-76　飞机案例操作二十三

操作二十四：在"编辑填充"对话框中选择"渐变填充",设置"类型"为"线性渐变填充","镜像、重复和反转"为默认渐变填充,再设置"节点位置"为 0 的色标颜色为(C:5,M:4,Y:4,K:0),"节点位置"为 42% 的色标颜色为(C:38,M:27,Y:27,K:0),"节点位置"为 58% 的色标颜色为(C:41,M:27,Y:28,K:0),"节点位置"为 100% 的色标颜色为(C:2,M:2,Y:2,K:0),设置轮廓宽度为无,如图 14-77 所示。

图 14-77　飞机案例操作二十四

操作二十五：最后选择"选择工具",框选整个图形,右击选择"组合对象"进行组合,绘制完成,完成效果图如图 14-78 所示。

图 14-78　飞机案例完成效果图

14.4　案例四：校车案例绘制

本节案例效果图如图 14-79 所示。

操作一：新建一个空白文档,设置页面大小为 A4。

操作二：绘制车身,选择"矩形工具"绘制一个矩形,再选择"形状工具",右击选择"转化为曲线"调整矩形的形状,在"编辑填充"对话框中选择色标值为(C:0,M:32,Y:96,K:0)进行填充,如图14-80所示。

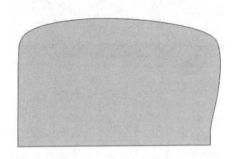

图14-79　校车案例效果图　　　　　　　　　　图14-80　校车案例操作二

操作三：绘制车头,选择"矩形工具"绘制一个矩形,选择"形状工具",右击选择"转化为曲线"调整矩形的形状,在"编辑填充"对话框中选择色标值为(C:0,M:32,Y:96,K:0)进行填充,如图14-81所示。

操作四：绘制车座,选择"矩形工具"绘制一个矩形,选择"形状工具",右击选择"转化为曲线"调整矩形的形状,在"编辑填充"对话框中选择色标值为(C:87,M:83,Y:83,K:71)进行填充,如图14-82所示。

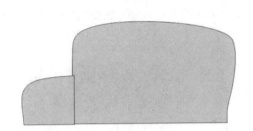
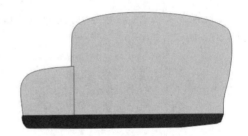

图14-81　校车案例操作三　　　　　　　　　　图14-82　校车案例操作四

操作五：绘制轮子,选择"椭圆工具",按住Ctrl键绘制一个圆,在"编辑填充"对话框中选择色标值为(C:84,M:80,Y:78,K:63)进行填充,如图14-83所示。

操作六：绘制车顶高光,选择"矩形工具"绘制一个矩形,选择"形状工具"右击选择"转化为曲线"调整矩形的形状,在"编辑填充"对话框中选择"渐变填充",设置"类型"为"线性渐变填充","镜像、重复和反转"为默认渐变填充,再设置"节点位置"为0的色标颜色为(C:0,M:22,Y:94,K:0),"节点位置"为9%的色标颜色为(C:0,M:22,Y:94,K:0),"节点位置"为41%的色标颜色为(C:2,M:0,Y:61,K:0),"节点位置"为67%的色标颜色为(C:5,M:0,Y:76,K:0),"节点位置"为100%的色标颜色为(C:1,M:24,Y:96,K:0),设置"轮廓宽度"为无,如图14-84所示。

图 14-83　校车案例操作五

图 14-84　校车案例操作六

🖱 **操作七**：绘制车身高光,选择"矩形工具"绘制一个矩形,再选择"形状工具",单击鼠标右键选择"转化为曲线"调整矩形的形状,在"编辑填充"对话框中选择"渐变填充",设置"类型"为"线性渐变填充","镜像、重复和反转"为默认渐变填充,再设置"节点位置"为 0 的色标颜色为(C:0,M:22,Y:91,K:0),"节点位置"为 50% 的色标颜色为(C:0,M:28,Y:95,K:0),"节点位置"为 100% 的色标颜色为(C:0,M:24,Y:91,K:0),设置"轮廓宽度"为无,如图 14-85 所示。

🖱 **操作八**：绘制车头第一个高光,选择"矩形工具"绘制一个矩形,选择"形状工具"右击选择"转化为曲线"调整矩形的形状,在"编辑填充"对话框中选择"渐变填充",设置"类型"为"线性渐变填充","镜像、重复和反转"为默认渐变填充,再设置"节点位置"为 0 的色标颜色为(C:4,M:11,Y:73,K:0),"节点位置"为 40% 的色标颜色为(C:0,M:26,Y:95,K:0),"节点位置"为 100% 的色标颜色为(C:4,M:11,Y:73,K:0),设置"轮廓宽度"为无,如图 14-86 所示。

图 14-85　校车案例操作七

图 14-86　校车案例操作八

🖱 **操作九**：绘制车头第二个高光,选择"矩形工具"绘制一个矩形,再选择"形状工具"右击选择"转化为曲线"调整矩形的形状,在"编辑填充"对话框中选择"渐变填充",设置"类型"为"线性渐变填充","镜像、重复和反转"为默认渐变填充,再设置"节点位置"为 0 的色标颜色为(C:0,M:20,Y:93,K:0),"节点位置"为 52% 的色标颜色为(C:4,M:19,Y:95,K:0),"节点位置"为 99% 的色标颜色为(C:0,M:0,Y:0,K:0),"节点位置"为 100% 的色标颜色为(C:0,M:24,Y:95,K:0),设置"轮廓宽度"为无,如图 14-87 所示。

🖱 **操作十**：绘制车前窗,选择"矩形工具"绘制一个矩形,选择"形状工具"右击选择

"转化为曲线"调整矩形的形状,在"编辑填充"对话框中选择"渐变填充",设置"类型"为"线性渐变填充""镜像、重复和反转"为默认渐变填充,再设置"节点位置"为 0 的色标颜色为(C:7,M:5,Y:0,K:0),"节点位置"为 16% 的色标颜色为(C:7,M:5,Y:0,K:0),"节点位置"为 57% 的色标颜色为(C:24,M:0,Y:10,K:0),"节点位置"为 100% 的色标颜色为(C:56,M:0,Y:0,K:3),设置"轮廓宽度"为无,选择"手绘工具"选择"钢笔工具",绘制一条曲线,右击选择"转化为曲线"调整曲线的形状,如图 14-88 所示。

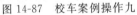

图 14-87 校车案例操作九

图 14-88 校车案例操作十

🖱 **操作十一**:绘制侧面第 1~4 个车窗。开始绘制第一个车窗,选择"矩形工具"绘制一个矩形,再选择"形状工具"右击选择"转化为曲线"调整矩形的形状,在"编辑填充"对话框中选择"渐变填充",设置"类型"为"线性渐变填充","镜像、重复和反转"为默认渐变填充,再设置"节点位置"为 0 的色标颜色为(C:42,M:0,Y:7,K:0),"节点位置"为 38% 的色标颜色为(C:42,M:0,Y:7,K:0),"节点位置"为 68% 的色标颜色为(C:22,M:0,Y:0,K:0),"节点位置"为 100% 的色标颜色为(C:0,M:0,Y:0,K:0),设置"轮廓宽度"为 1.0mm。复制第二个车窗,在"编辑填充"对话框中选择"渐变填充",设置"类型"为"线性渐变填充","镜像、重复和反转"为默认渐变填充,再设置"节点位置"为 0 的色标颜色为(C:42,M:0,Y:7,K:0),"节点位置"为 31% 的色标颜色为(C:42,M:0,Y:7,K:0),"节点位置"为 67% 的色标颜色为(C:22,M:0,Y:0,K:0),"节点位置"为 100% 的色标颜色为(C:0,M:0,Y:0,K:0)。复制第三个车窗,在"编辑填充"对话框中选择"渐变填充",设置"类型"为"线性渐变填充","镜像、重复和反转"为默认渐变填充,再设置"节点位置"为 0 的色标颜色为(C:42,M:0,Y:7,K:0),"节点位置"为 39% 的色标颜色为(C:42,M:0,Y:7,K:0),"节点位置"为 66% 的色标颜色为(C:22,M:0,Y:0,K:0),"节点位置"为 100% 的色标颜色为(C:0,M:0,Y:0,K:0)。复制第四个车窗,在"编辑填充"对话框中选择"渐变填充",设置"类型"为"线性渐变填充","镜像、重复和反转"为默认渐变填充,再设置"节点位置"为 0 的色标颜色为(C:42,M:0,Y:7,K:0),"节点位置"为 59% 的色标颜色为(C:42,M:0,Y:7,K:0),"节点位置"为 80% 的色标颜色为(C:22,M:0,Y:0,K:0),"节点位置"为 100% 的色标颜色为(C:0,M:0,Y:0,K:0),如图 14-89 所示。

🖱 **操作十二**:绘制车后窗,选择"矩形工具"绘制一个矩形,再选择"形状工具"右击选择"转化为曲线"调整矩形的形状,在"编辑填充"对话框中选择"渐变填充",设置"类型"为"线性渐变填充","镜像、重复和反转"为默认渐变填充,再设置"节点位置"为 0 的色标颜色为(C:42,M:0,Y:7,K:0),"节点位置"为 93% 的色标颜色为(C:4,M:19,Y:95,K:0),"节点位置"为100％的色标颜色为(C:0,M:0,Y:0,K:0),设置"轮廓宽度"为无,如图14-90所示。

图14-89 校车案例操作十一

图14-90 校车案例操作十二

操作十三:绘制车身黑色横条,选择"矩形工具"绘制一个矩形,再选择"形状工具"右击选择"转化为曲线"调整矩形的形状,在"编辑填充"对话框中选择"渐变填充",设置"类型"为"线性渐变填充","镜像、重复和反转"为默认渐变填充,再设置"节点位置"为0的色标颜色为(C:87,M:77,Y:75,K:55),"节点位置"为42％的色标颜色为(C:76,M:70,Y:65,K:28),"节点位置"为85％的色标颜色为(C:75,M:82,Y:67,K:43),"节点位置"为100％的色标颜色为(C:46,M:37,Y:35,K:0),设置"轮廓宽度"为无,再复制一条,如图14-91所示。

操作十四:绘制车前灯,选择"椭圆工具"绘制一个椭圆,在"编辑填充"对话框中选择"渐变填充",设置"类型"为"线性渐变填充","镜像、重复和反转"为默认渐变填充,再设置"节点位置"为0的色标颜色为(C:1,M:11,Y:0,K:0),"节点位置"为45％的色标颜色为(C:11,M:10,Y:4,K:0),"节点位置"为100％的色标颜色为(C:45,M:16,Y:30,K:0),设置"轮廓宽度"为无,再复制一个椭圆,向右拉伸,右键填充黑色,设置"轮廓宽度"为无,如图14-92所示。

图14-91 校车案例操作十三

图14-92 校车案例操作十四

操作十五:绘制车后灯,选择"矩形工具"绘制一个矩形,再选择"形状工具"右击选择"转化为曲线"调整矩形的形状,在"编辑填充"对话框中选择"渐变填充",设置"类型"为"线性渐变填充","镜像、重复和反转"为默认渐变填充,再设置"节点位置"为0的色标颜色为(C:36,M:100,Y:100,K:4),"节点位置"为45％的色标颜色为(C:7,M:92,Y:100,K:0),"节点位置"为100％的色标颜色为(C:4,M:65,Y:88,K:0),设置"轮廓宽度"为无,如

图 14-93 所示。

操作十六：绘制黄色后视镜,选择"椭圆工具"绘制一个正圆,在"编辑填充"对话框中选择"渐变填充",设置"类型"为"线性渐变填充","镜像、重复和反转"为默认渐变填充,再设置"节点位置"为 0 的色标颜色为(C:85,M:78,Y:95,K:69),"节点位置"为 100%的色标颜色为(C:78,M:58,Y:70,K:16),设置"轮廓宽度"为无,选择"矩形工具"绘制一个矩形,选择"形状工具",右击选择"转化为曲线"调整矩形的形状,在"编辑填充"对话框中选择"渐变填充",设置"类型"为"线性渐变填充","镜像、重复和反转"为默认渐变填充,再设置"节点位置"为 0 的色标颜色为(C:71,M:73,Y:38,K:0),"节点位置"为 100%的色标颜色为(C:73,M:70,Y:64,K:24),设置"轮廓宽度"为无,选择"矩形工具"绘制一个矩形,选择"形状工具",右击选择"转化为曲线"调整矩形的形状,在"编辑填充"对话框中选择"渐变填充",设置"类型"为"线性渐变填充","镜像、重复和反转"为默认渐变填充,再设置"节点位置"为 0 的色标颜色为(C:8,M:53,Y:100,K:0),"节点位置"为 55%的标颜色为(C:4,M:40,Y:99,K:0),"节点位置"为 88%的色标颜色为(C:13,M:0,Y:82,K:0),"节点位置"为 100%的色标颜色为(C:13,M:0,Y:82,K:0),设置"轮廓宽度"为无,如图 14-94 所示。

图 14-93 校车案例操作十五

图 14-94 校车案例操作十六

操作十七：绘制车黑色后视镜,选择"椭圆工具"绘制一个正圆,在"编辑填充"对话框中选择"均匀填充",色标颜色为(C:74,M:95,Y:67,K:51),设置"轮廓宽度"为无,选择"手绘工具"选择"钢笔工具",绘制一条曲线,右击选择"转化为曲线"调整曲线的形状,色标颜色为(C:74,M:95,Y:67,K:51),选择"椭圆工具"绘制一个正圆,在"编辑填充"对话框中选择"渐变填充",设置"类型"为"线性渐变填充","镜像、重复和反转"为默认渐变填充,再设置"节点位置"为 0 的色标颜色为(C:76,M:78,Y:98,K:65),"节点位置"为 100%的标颜色为(C:100,M:100,Y:58,K:28),设置"轮廓宽度"为无,如图 14-95 所示。

图 14-95 校车案例操作十七

操作十八：绘制车盖阴影,选择"矩形工具"绘制一个矩形,再选择"形状工具"右击选择"转化为曲线"调整矩形的形状,在"编辑填充"对话框中选择"渐变填充",设置"类型"为"线性渐变填充","镜像、重复和反转"为默认渐变填充,再设置"节点位置"为 0 的色标颜色为(C:7,M:20,Y:97,K:0),"节点位置"为 30%的色标颜色为(C:5,M:46,Y:100,K:0),"节点位置"为 100%的色标颜色为(C:0,M:37,Y:94,K:0),设置"轮廓宽度"为无,如图 14-96 所示。

操作十九：绘制车轮,选择"椭圆工具"绘制一个正圆,在"编辑填充"对话框中选择"渐变填充",设置"类型"为"线性渐变填充","镜像、重复和反转"为默认渐变填充,再设置"节点位置"为 0 的色标颜色为(C:19,M:10,Y:28,K:0),"节点位置"为 51％的色标颜色为(C:84,M:58,Y:0,K:0),"节点位置"为 100％的色标颜色为(C:10,M:7,Y:6,K:0),设置"轮廓宽度"为无,再绘制一个圆,在"编辑填充"对话框中选择"渐变填充",设置"类型"为"线性渐变填充","镜像、重复和反转"为默认渐变填充,再设置"节点位置"为 0％的色标颜色为(C:87,M:84,Y:78,K:65),"节点位置"为 100％的色标颜色为(C:10,M:7,Y:6,K:0),如图 14-97 所示。

图 14-96　校车案例操作十八

图 14-97　校车案例操作十九

操作二十：绘制车轮凹陷圆点,选择"椭圆工具"绘制一个正圆,在"编辑填充"对话框中选择"均匀填充",色标颜色为(C:81,M:76,Y:71,K:47),设置"轮廓宽度"为无。按住鼠标左键将绘制填充好的圆点拖曳至适当位置后右击,再释放左键进行复制,或使用泊坞窗进行复制剩余 7 个圆点。鼠标单击车轮外圈,按住 Shift 键,选中其余车轮部件,进行复制,拖曳。即可完成,如图 14-98 所示。

操作二十一：最后选择"选择工具"框选整个图形,右击选择"组合对象"进行组合,绘制完成,完成效果图如图 14-99 所示。

图 14-98　校车案例操作二十

图 14-99　校车案例完成效果图

14.5　案例五：自行车案例绘制

本节案例效果图如图 14-100 所示。

操作一：新建一个空白文档,设置页面大小为 A4。

操作二：绘制车轮,选择"椭圆工具"绘制一个正圆,填充轮廓颜色,色标颜色为(C:93,M:88,Y:89,K:80),设置"轮廓宽度"为3.00mm。按住鼠标左键进行拖曳至适当位置右击释放左键进行复制,或使用泊坞窗进行复制,如图14-101所示。

图14-100　自行车案例效果图

图14-101　自行车案例操作二

操作三：绘制车轮内圈,选择"椭圆工具"绘制一个正圆,填充轮廓颜色,色标颜色为(C:59,M:51,Y:47,K:0),设置"轮廓宽度"为1.5mm,如图14-102所示。

操作四：绘制前轮内圈轮盘,选择"手绘工具"选择两点线工具或者钢笔工具,绘制车轮内圈钢条,填充轮廓颜色,色标颜色为(C:93,M:88,Y:89,K:80),设置"轮廓宽度"为0mm,选择"椭圆工具"绘制一个正圆,在"编辑填充"对话框中选择"均匀填充",色标颜色为(C:93,M:88,Y:89,K:80),设置"轮廓宽度"为无,如图14-103所示。

图14-102　自行车案例操作三　　　　图14-103　自行车案例操作四

操作五：绘制车把左端,选择"矩形工具"绘制一个矩形,选择"形状工具",右击选择"转化为曲线"调整矩形的形状,在"编辑填充"对话框中选择"渐变填充",设置"类型"为"线性渐变填充","镜像、重复和反转"为默认渐变填充,再设置"节点位置"为0的色标颜色为(C:40,M:100,Y:100,K:8),"节点位置"为44%的色标颜色为(C:17,M:95,Y:100,K:0),"节点位置"为100%的色标颜色为(C:16,M:87,Y:100,K:0),设置"轮廓宽度"为无,如图14-104所示。

图14-104　自行车案例操作五

操作六：绘制车把右端,选择"矩形工具",绘制一个矩形,选择"形状工具",右击选择"转化为曲线"调整矩形的形状,在"编辑填充"对话框中选择"渐变填充",设置"类型"为"线性渐变填充","镜像、重复和反转"为默认渐变填充,再设置"节点位置"为0的色标颜色为(C:36,M:95,Y:100,K:3),"节点位置"为 65％的色标颜色为(C:27,M:99,Y:100,K:0),"节点位置"为 100％的色标颜色为 (C:54,M:94,Y:100,K:40),设置"轮廓宽度"为无,如图 14-105 所示。

操作七:绘制车把中部,选择"矩形工具",绘制一个矩形,选择"形状工具",右击选择"转化为曲线"调整矩形的形状,在"编辑填充"对话框中选择"均匀填充",色标颜色为(C: 93,M:88,Y:89,K:80),设置"轮廓宽度"为无,如图 14-106 所示。

操作八:绘制车把前端,选择"矩形工具"绘制一个矩形,选择"形状工具",右击选择"转化为曲线"调整矩形的形状,在"编辑填充"对话框中选择"均匀填充",色标颜色为(C: 93,M:88,Y:89,K:80),设置"轮廓宽度"为无。选择"矩形工具"绘制一个矩形,选择"形状工具"右击选择"转化为曲线"调整矩形的形状,在"编辑填充"对话框中选择"均匀填充",色标颜色为(C:18,M:14,Y:13,K:0),设置"轮廓宽度"为无,如图 14-107 所示。

图 14-105　自行车案例操作六　　图 14-106　自行车案例操作七　　图 14-107　自行车案例操作八

操作九:绘制车把头管,选择"矩形工具"绘制一个矩形,选择"形状工具",右击选择"转化为曲线"调整矩形的形状,在"编辑填充"对话框中选择"均匀填充",色标颜色为(C: 93,M:88,Y:89,K:80),设置"轮廓宽度"为无,选择"矩形工具"绘制一个矩形,选择"形状工具",右击选择"转化为曲线"调整矩形的形状,在"编辑填充"对话框中选择"均匀填充",色标颜色为(C:18,M:14,Y:13,K:0),设置"轮廓宽度"为无,选择"矩形工具"绘制一个矩形,选择"形状工具",右击选择"转化为曲线"调整矩形的形状,在"编辑填充"对话框中选择"均匀填充",色标颜色为(C:93,M:88,Y:89,K:80),设置"轮廓宽度"为无,选择"矩形工具"绘制一个矩形,选择"形状工具",右击选择"转化为曲线"调整矩形的形状,在"编辑填充"对话框中选择"均匀填充",色标颜色为(C:93,M:88,Y:89,K:80),设置"轮廓宽度"为无,如图 14-108 和图 14-109 所示。

图 14-108　自行车案例操作九(1)　　　　图 14-109　自行车案例操作九(2)

操作十：绘制车下管,选择"矩形工具"绘制一个矩形,选择"形状工具",右击选择"转化为曲线"调整矩形的形状,在"编辑填充"对话框中选择"均匀填充",色标颜色为(C:93,M:88,Y:89,K:80),设置"轮廓宽度"为无,选择"矩形工具"绘制一个矩形,选择"形状工具",右击选择"转化为曲线"调整矩形的形状,在"编辑填充"对话框中选择"均匀填充",色标颜色为(C:18,M:14,Y:13,K:0),设置"轮廓宽度"为无,如图 14-110 所示。

图 14-110　自行车案例操作十

操作十一：绘制车下管图案,选择"矩形工具"绘制一个矩形,选择"形状工具",右击选择"转化为曲线"调整矩形的形状,在"编辑填充"对话框中选择"均匀填充",色标颜色为(C:25,M:100,Y:74,K:0),设置"轮廓宽度"为无,选择"矩形工具"绘制一个矩形,选择"形状工具",右击选择"转化为曲线"调整矩形的形状,在"编辑填充"对话框中选择"均匀填充",色标颜色为(C:45,M:100,Y:98,K:15),设置"轮廓宽度"为无,如图 14-111 和图 14-112 所示。

图 14-111　自行车案例操作十一(1)

图 14-112　自行车案例操作十一(2)

操作十二：绘制车上管,选择"矩形工具"绘制一个矩形,选择"形状工具",右击选择"转化为曲线"调整矩形的形状,在"编辑填充"对话框中选择"均匀填充",色标颜色为(C:93,M:88,Y:89,K:80),设置"轮廓宽度"为无,选择"矩形工具"绘制一个矩形,选择"形状工具",右击选择"转化为曲线"调整矩形的形状,在"编辑填充"对话框中选择"均匀填充",色标颜色为(C:18,M:14,Y:13,K:0),设置"轮廓宽度"为无,如图 14-113 和图 14-114 所示。

图 14-113　自行车案例操作十二(1)

图 14-114　自行车案例操作十二(2)

操作十三：绘制车坐管,选择"矩形工具"绘制一个矩形,选择"形状工具",右击选

择"转化为曲线"调整矩形的形状,在"编辑填充"对话框中选择"均匀填充",色标颜色为(C:93,M:88,Y:89,K:80),设置"轮廓宽度"为无,如图 14-115 所示。

🖱 **操作十四**:绘制车座管图案,选择"矩形工具"绘制一个矩形,选择"形状工具"右击选择"转化为曲线"调整矩形的形状,在"编辑填充"对话框中选择"均匀填充",色标颜色为(C:93,M:88,Y:89,K:80),设置"轮廓宽度"为无,选择"矩形工具"绘制一个矩形,选择"形状工具",右击选择"转化为曲线"调整矩形的形状,在"编辑填充"对话框中选择"均匀填充",色标颜色为(C:0,M:0,Y:0,K:0),设置"轮廓宽度"为无,选择"矩形工具"绘制一个矩形,选择"形状工具",右击选择"转化为曲线"调整矩形的形状,在"编辑填充"对话框中选择"均匀填充",色标颜色为(C:56,M:49,Y:43,

图 14-115　自行车案例
操作十三

K:0),设置"轮廓宽度"为无,选择"矩形工具"绘制一个矩形,选择"形状工具",右击选择"转化为曲线"调整矩形的形状,在"编辑填充"对话框中选择"均匀填充",色标颜色为(C:0,M:0,Y:0,K:10),设置"轮廓宽度"为无,选择"矩形工具"绘制一个矩形,选择"形状工具",右击选择"转化为曲线"调整矩形的形状,在"编辑填充"对话框中选择"均匀填充",色标颜色为(C:93,M:88,Y:89,K:80),设置"轮廓宽度"为无,如图 14-116 和图 14-117 所示。

图 14-116　自行车案例操作十四(1)　　　　图 14-117　自行车案例操作十四(2)

🖱 **操作十五**:绘制车后叉上部,选择"矩形工具"绘制一个矩形,选择"形状工具",右击选择"转化为曲线"调整矩形的形状,在"编辑填充"对话框中选择"均匀填充",色标颜色为(C:93,M:88,Y:89,K:80),设置"轮廓宽度"为无,如图 14-118 所示。

🖱 **操作十六**:绘制车后叉上部,选择"矩形工具"绘制一个矩形,选择"形状工具",右击选择"转化为曲线"调整矩形的形状,在"编辑填充"对话框中选择"均匀填充",色标颜色为(C:93,M:88,Y:89,K:80),设置"轮廓宽度"为无,如图 14-119 和图 14-120 所示。

图 14-118　自行车案例
操作十五

🖱 **操作十七**:绘制车座后部,选择"矩形工具"绘制一个矩形,选择"形状工具",右击选择"转化为曲线"调整矩形的形状,在"编辑填充"对话框中选择"渐变填充",设置"类型"为"线性渐变填充","镜像、重复和反转"为默认渐变填充,再设置"节点位置"为 0 的色标颜色为(C:50,M:100,Y:100,K:34),"节点位置"为100%的色标颜色为(C:93,M:88,Y:88,K:79),设置"轮廓宽度"为无,选择"矩形工具"绘制一个矩形,选择"形状工具"右击选择"转化为曲线"调整矩形的形状,在"编辑填充"对话框中选择"渐变填充",设置"类型"为"线性渐变填充","镜像、重复和反转"为默认渐变填充,再设置"节点位置"为0%的色标颜色为(C:44,M:100,Y:100,K:15),"节点位置"为100%的色标颜色为(C:28,M:100,Y:100,K:0),设置"轮廓宽度"为无,如图14-121所示。

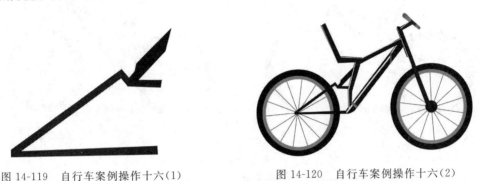

图14-119　自行车案例操作十六(1)　　　　图14-120　自行车案例操作十六(2)

图14-121　自行车案例操作十七

操作十八:绘制车座前部,选择"矩形工具"绘制一个矩形,选择"形状工具",右击选择"转化为曲线"调整矩形的形状,在"编辑填充"对话框中选择"均匀填充",色标颜色为(C:93,M:88,Y:89,K:80),设置"轮廓宽度"为无,选择"矩形工具"绘制一个矩形,选择"形状工具"右击选择"转化为曲线"调整矩形的形状,在"编辑填充"对话框中选择"均匀填充",色标颜色为(C:93,M:88,Y:89,K:80),设置"轮廓宽度"为无,如图14-122和图14-123所示。

图14-122　自行车案例操作十八(1)　　　　图14-123　自行车案例操作十八(2)

操作十九:绘制车座后部,选择"矩形工具"绘制一个矩形,选择"形状工具",右击选择"转化为曲线"调整矩形的形状,在"编辑填充"对话框中选择"渐变填充",设置"类型"为"线性渐变填充","镜像、重复和反转"为默认渐变填充,再设置"节点位置"为0的色标颜色为(C:54,M:45,Y:42,K:0),"节点位置"为42%的色标颜色为(C:36,M:29,Y:27,K:0),

节点位置"为76％的色标颜色为(C:13,M:10,Y:10,K:0),节点位置"为100％的色标颜色为(C:14,M:11,Y:10,K:0),设置"轮廓宽度"为无,如图14-124所示。

操作二十:最后选择"选择工具"框选整个图形,右击选择"组合对象"进行组合,绘制完成,完成效果图如图14-125所示。

图14-124 自行车案例操作十九   图14-125 自行车案例完成效果图

14.6 案例六: 电瓶车案例绘制

本案例效果如图14-126所示。

操作一:新建一个空白文档,设置页面大小为A4。

操作二:绘制前面板,选择"矩形工具"绘制一个矩形,选择"形状工具"单击矩形,单击鼠标右键选择"转化为曲线"调整矩形的形状,如图14-127所示。

操作三:在"编辑填充"对话框中选择"渐变填充",设置"类型"为"线性渐变填充","镜像、重复和反转"为默认渐变填充,再设置"节点位置"为0的色标颜色为(C:87,M:78,Y:0,K:0),"节点位置"为44％的色标颜色为(C:100,M:98,Y:25,K:0),"节点位置"为82％的色标颜色为(C:100,M:100,Y:56,K:34),"节点位置"为100％的色标颜色为(C:100,M:100,Y:56,K:34),设置轮廓宽度为无,如图14-128所示。

图14-126 电瓶车案例效果图

操作四:单击"选择工具",选择绘制好的图形按住Shift键水平向右拖动,接着右击进行复制,再松开左键完成复制,如图14-129所示。

操作五:在"编辑填充"对话框中选择"渐变填充",设置"类型"为"线性渐变填充","镜像、重复和反转"为默认渐变填充,再设置"节点位置"为0的色标颜色为(C:90,M:90,Y:0,K:0),"节点位置"为58％的色标颜色为(C:100,M:100,Y:54,K:11),"节点位置"为72％的色标颜色为(C:100,M:98,Y:46,K:11),"节点位置"为76％的色标颜色为(C:100,M:93,Y:7,K:0),"节点位置"为78％的色标颜色为(C:78,M:72,Y:0,K:0),"节点位置"

为 87%的色标颜色为(C:77 M:71 Y:0 K:0),"节点位置"为 100%的色标颜色为(C:100,M:100,Y:53,K:7),设置轮廓宽度为无,如图 14-130 所示。

图 14-127　电瓶车案例操作二

图 14-128　电瓶车案例操作三

图 14-129　电瓶车案例操作四

图 14-130　电瓶车案例操作五

操作六:绘制脚踏板,选择"矩形工具"绘制一个矩形,如图 14-131 所示。

操作七:在"编辑填充"对话框中选择色标颜色为(C:13,M:15,Y:18,K:0)进行填充,设置轮廓宽度为无,如图 14-132 所示。

图 14-131　电瓶车案例操作六

图 14-132　电瓶车案例操作七

操作八:选择"钢笔工具",绘制车身,在"编辑填充"对话框中选择"渐变填充",设置"类型"为"线性渐变填充","镜像、重复和反转"为默认渐变填充,再设置"节点位置"为 0 的色标颜色为(C:100,M:99,Y:58,K:50),"节点位置"为 83%的色标颜色为(C:93,M:83,Y:0,K:0),"节点位置"为 100%的色标颜色为(C:88,M:82,Y:0,K:0),设置轮廓宽度为无,如图 14-133 所示。

操作九:绘制脚踏板,选择"钢笔工具",绘制脚踏板,在"编辑填充"对话框中选择色标颜色为(C:50,M:54,Y:67,K:1)进行填充,设置轮廓宽度为无,如图 14-134 所示。

图 14-133　电瓶车案例操作八　　　　　　　　图 14-134　电瓶车案例操作九

操作十：绘制左边条，选择"矩形工具"，绘制一个矩形，在"编辑填充"对话框中选择色标颜色为(C:27,M:25,Y:27,K:0)进行填充，设置轮廓宽度为无，如图 14-135 所示。

操作十一：绘制鞍座，选择"钢笔工具"，绘制鞍座的外轮廓，在"编辑填充"对话框中选择"渐变填充"，设置"类型"为"线性渐变填充"，"镜像、重复和反转"为默认渐变填充，再设置"节点位置"为 0 的色标颜色为(C:24,M:22,Y:24,K:0)，"节点位置"为 100% 的色标颜色为(C:4,M:5,Y:7,K:0)，设置"轮廓宽度"为无，如图 14-136 所示。

图 14-135　电瓶车案例操作十　　　　　　　　图 14-136　电瓶车案例操作十一

操作十二：选择"钢笔工具"，绘制鞍座的前面部分，在"编辑填充"对话框中选择"渐变填充"，设置"类型"为"线性渐变填充"，"镜像、重复和反转"为默认渐变填充，再设置"节点位置"为 0 的色标颜色为(C:13,M:11,Y:16,K:0)，"节点位置"为 100% 的色标颜色为(C:33,M:27,Y:31,K:0)，设置"轮廓宽度"为无，如图 14-137 所示。

操作十三：选择"钢笔工具"，绘制鞍座的上面部分，在"编辑填充"对话框中选择"渐变填充"，设置"类型"为"线性渐变填充"，"镜像、重复和反转"为默认渐变填充，再设置"节点位置"为 0 的色标颜色为(C:20,M:19,Y:20,K:0)，"节点位置"为 53% 的色标颜色为(C:9,M:9,Y:9,K:0)，"节点位置"为 100% 的色标颜色为(C:22,M:22,Y:25,K:0)，设置轮廓宽度为无，如图 14-138 所示。

图 14-137　电瓶车案例操作十二　　　　　　　图 14-138　电瓶车案例操作十三

操作十四：选择"钢笔工具"，绘制鞍座的后面部分，在"编辑填充"对话框中选择

"渐变填充",设置"类型"为"线性渐变填充","镜像、重复和反转"为默认渐变填充,再设置"节点位置"为 0 的色标颜色为(C:17,M:18,Y:22,K:0),"节点位置"为 87% 的色标颜色为(C:6,M:5,Y:6,K:0),"节点位置"为 100% 的色标颜色为(C:11,M:10,Y:11,K:0),设置轮廓宽度为无,如图 14-139 所示。

操作十五:选择"钢笔工具",绘制右护板,如图 14-140 所示。

图 14-139 电瓶车案例操作十四　　　　图 14-140 电瓶车案例操作十五

操作十六:在"编辑填充"对话框中选择"渐变填充",设置"类型"为"线性渐变填充","镜像、重复和反转"为默认渐变填充,再设置"节点位置"为 0 的色标颜色为(C:100,M:100,Y:54,K:11),"节点位置"为 77% 的色标颜色为(C:84,M:80,Y:0,K:0),"节点位置"为 100% 的色标颜色为(C:84,M:80,Y:0,K:0),设置轮廓宽度为无,如图 14-141 所示。

操作十七:选择"钢笔工具",绘制杂物箱前罩,如图 14-142 所示。

图 14-141 电瓶车案例操作十六　　　　图 14-142 电瓶车案例操作十七

操作十八:在"编辑填充"对话框中选择"渐变填充",设置"类型"为"线性渐变填充","镜像、重复和反转"为默认渐变填充,再设置"节点位置"为 0 的色标颜色为(C:100,M:99,Y:55,K:19),"节点位置"为 100% 的色标颜色为(C:85,M:77,Y:0,K:0),设置轮廓宽度为无,如图 14-143 所示。

操作十九:选择"钢笔工具",绘制前挡板,在"编辑填充"对话框中选择色标颜色为(C:100,M:100,Y:59,K:0)进行填充,设置轮廓宽度为无,如图 14-144 所示。

操作二十:单击"选择工具",选择绘制好的前挡板,右击进行复制,再松开左键完成复制,在"编辑填充"对话框中选择"渐变填充",设置"类型"为"线性渐变填充","镜像、重复和反转"为默认渐变填充,再设置"节点位置"为 0 的色标颜色为(C:99,M:93,Y:3,K:0),"节点位置"为 41% 色标颜色为(C:85,M:78,Y:0,K:0),"节点位置"为 55% 色标颜色为(C:89,M:83,Y:0,K:0),"节点位置"为 100% 色标颜色为(C:100,M:100,Y:53,K:7),设置轮廓宽度为无,如图 14-145 所示。

图 14-143　电瓶车案例操作十八

图 14-144　电瓶车案例操作十九

操作二十一:选择"钢笔工具",在"编辑填充"对话框中选择"渐变填充",设置"类型"为"线性渐变填充","镜像、重复和反转"为默认渐变填充,再设置"节点位置"为 0 的色标颜色为(C:88,M:82,Y:0,K:0),"节点位置"为 53% 的色标颜色为(C:79,M:72,Y:0,K:0),"节点位置"为 100% 的色标颜色为(C:100,M:99,Y:41,K:1),设置轮廓宽度为无,如图 14-146 所示。

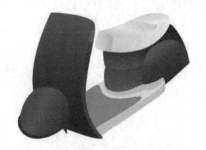

图 14-145　电瓶车案例操作二十

图 14-146　电瓶车案例操作二十一

操作二十二:绘制前轮胎,选择"矩形工具",绘制一个矩形,再选择"形状工具",单击矩形转化为曲线,调整矩形的形状,在"编辑填充"对话框中选择色标颜色为(C:0,M:0,Y:0,K:100)进行填充,设置轮廓宽度为无,如图 14-147 所示。

操作二十三:选择"椭圆工具",分别绘制两个椭圆,选择"形状工具",单击矩形,单击椭圆转化为曲线,调整形状,在"编辑填充"对话框中分别选择色标颜色为(C:85,M:81,Y:80,K:66)和(C:76,M:69,Y:67,K:29)进行填充,设置轮廓宽度为无,如图 14-148 所示。

图 14-147　电瓶车案例操作二十二

图 14-148　电瓶车案例操作二十三

操作二十四：绘制后轮胎,选择"椭圆工具"绘制一个椭圆,在"编辑填充"对话框中选择色标颜色为黑色进行填充,设置轮廓宽度为无,如图 14-149 所示。

操作二十五：选择"椭圆工具"绘制一个椭圆,在"编辑填充"对话框中选择色标颜色为(C:46,M:41,Y:32,K:0)进行填充,设置轮廓宽度为无,如图 14-150 所示。

操作二十六：选择"钢笔工具",绘制护板,在"编辑填充"对话框中选择色标颜色为(C:88 M:87 Y:76 K:0)进行填充,设置轮廓宽度为无,如图 14-151 所示。

图 14-149 电瓶车案例操作二十四

操作二十七：选择"钢笔工具",绘制后轮刹车盘,在"编辑填充"对话框中分别选择色标颜色为(C:81,M:78,Y:76,K:56)和(C:80,M:76,Y:73,K:51)进行填充,设置轮廓宽度为无,如图 14-152 所示。

图 14-150 电瓶车案例操作二十五

图 14-151 电瓶车案例操作二十六

操作二十八：选择"钢笔工具",绘制尾灯,在"编辑填充"对话框中选择色标颜色为(C:82,M:78,Y:77,K:60)进行填充,设置轮廓宽度为无,如图 14-153 所示。

图 14-152 电瓶车案例操作二十七

图 14-153 电瓶车案例操作二十八

操作二十九：选择"钢笔工具"，绘制如图 7-29 所示的图形，在"编辑填充"对话框中选择色标颜色为黑色进行填充，设置轮廓宽度为无，如图 14-154 所示。

操作三十：选择"椭圆工具"，绘制一个椭圆，在"编辑填充"对话框中选择色标颜色为(C:33,M:56,Y:84,K:0)进行填充，设置轮廓宽度为无，如图 14-155 所示。

图 14-154　电瓶车案例操作二十九

图 14-155　电瓶车案例操作三十

操作三十一：绘制前车轮灯，选择"矩形工具"，绘制一个矩形，选择"形状工具"选择矩形，右击选择"转化为曲线"调整矩形的形状，在"编辑填充"对话框中选择色标颜色为黑色进行填充，设置轮廓宽度为无，再选择"椭圆工具"绘制一个椭圆，在"编辑填充"对话框中选择"渐变填充"，设置"类型"为"线性渐变填充"，"镜像、重复和反转"为默认渐变填充，再设置"节点位置"为 0 的色标颜色为(C:62,M:53,Y:51,K:0)，"节点位置"为 49% 的色标颜色为(C:62,M:53,Y:51,K:0)，"节点位置"为 100% 的色标颜色为(C:39,M:32,Y:25,K:0)，设置轮廓宽度为无，再单击"选择工具"框选绘制好的车灯，向右拖动，右击进行复制，再松开鼠标左键完成复制，选择"形状工具"调整形状，如图 14-156 所示。

操作三十二：绘制前大灯，选择"钢笔工具"绘制灯的外轮廓，如图 14-157 所示。

图 14-156　电瓶车案例操作三十一

图 14-157　电瓶车案例操作三十二

操作三十三：在"编辑填充"对话框中选择"渐变填充"，设置"类型"为"线性渐变填充"，"镜像、重复和反转"为默认渐变填充，再设置"节点位置"为 0 的色标颜色为(C:88,M:81,Y:0,K:0)，"节点位置"为 9% 的色标颜色为(C:89 M:82 Y:0 K:0)，"节点位置"为 14% 的色标颜色为(C:44,M:38,Y:0,K:0)，"节点位置"为 20% 的色标颜色为(C:41,M:35,Y:0,K:0)，"节点位置"为 28% 的色标颜色为(C:100,M:99,Y:45,K:2)，"节点位置"为 100%

的色标颜色为(C:100,M:99,Y:45,K:1),设置轮廓宽度为无,如图 14-158 所示。

操作三十四:绘制灯的前面部分,选择"矩形工具",绘制一个矩形,选择"形状工具"选择矩形,右击选择"转化为曲线"调整矩形的形状,在"编辑填充"对话框中选择"渐变填充",设置"类型"为"线性渐变填充","镜像、重复和反转"为默认渐变填充,再设置"节点位置"为 0 的色标颜色为(C:26,M:20,Y:19,K:0),"节点位置"为 10%的色标颜色为(C:31,M:23,Y:27,K:0),"节点位置"为 16%的色标颜色为(C:7,M:6,Y:5,K:0),"节点位置"为 29%的色标颜色为(C:6,M:5,Y:4,K:0),"节点位置"为 37%的色标颜色为(C:60,M:52,Y:48,K:0),"节点位置"为 67%的色标颜色为(C:58,M:51,Y:47,K:0),"节点位置"为 81%的色标颜色为白色,"节点位置"为 100%的色标颜色为(C:76,M:71,Y:55,K:15),设置轮廓宽度为无。再选择"椭圆工具"绘制两个大小不同的椭圆,在"编辑填充"对话框中选择色标颜色为(C:57,M:48,Y:45,K:0)和白色进行填充,如图 14-159 所示。

图 14-158 电瓶车案例操作三十三　　　　图 14-159 电瓶车案例操作三十四

操作三十五:选择"矩形工具",绘制一个矩形,选择"形状工具"后选择矩形,再右击选择"转化为曲线"调整矩形的形状,在"编辑填充"对话框中选择"渐变填充",设置"类型"为"线性渐变填充","镜像、重复和反转"为默认渐变填充,再设置"节点位置"为 0 的色标颜色为(C:36,M:29,Y:29,K:0),"节点位置"为 25%的色标颜色为(C:35,M:27,Y:27,K:0),"节点位置"为 37%的色标颜色为(C:11,M:9,Y:5,K:0),"节点位置"为 69%的色标颜色为(C:60,M:52,Y:49,K:0),"节点位置"为 100%的色标颜色为(C:63,M:55,Y:51,K:1),设置轮廓宽度为无,如图 14-160 所示。

操作三十六:绘制仪表盘,选择"矩形工具",绘制两个矩形,选择"形状工具"选中矩形,再右击选择"转化为曲线"分别调整矩形的形状,选中下面的矩形,在"编辑填充"对话框中选择"渐变填充",设置"类型"为"线性渐变填充","镜像、重复和反转"为默认渐变填充,再设置"节点位置"为 0 的色标颜色为(C:51,M:41,Y:38,K:0),"节点位置"为 43%的色标颜色为(C:13,M:10,Y:7,K:0),"节点位置"为 72%的色标颜色为(C:35,M:27,Y:26,K:0),"节点位置"为 100%的色标颜色为(C:35,M:27,Y:26,K:0),设置轮廓宽度为无。接着选中上面的矩形,在"编辑填充"对话框中选择"渐变填充",设置"类型"为"线性渐变填充","镜像、重复和反转"为默认渐变填充,再设置"节点位置"为 0 的色标颜色为(C:49,M:40,Y:38,K:0),"节点位置"为 16%的色标颜色为(C:49,M:40,Y:38,K:0),"节点位置"为 27%的色标颜色为白色,"节点位置"为 40%的色标颜色为白色,"节点位置"为 71%的色标颜色为(C:46,M:37,Y:35,K:0),"节点位置"为 82%的色标颜色为(C:46,M:37,Y:35,K:0),"节点位置"为 100%的色标颜色为(C:38,M:30,Y:29,K:0),设置轮廓宽度为无,如图 14-161 所示。

图 14-160　电瓶车案例操作三十五

图 14-161　电瓶车案例操作三十六

操作三十七：绘制车把,选择"矩形工具"绘制一个矩形,在"编辑填充"对话框中选择"渐变填充",设置"类型"为"线性渐变填充","镜像、重复和反转"为默认渐变填充,再设置"节点位置"为 0 的色标颜色为(C:62,M:56,Y:53,K:6),"节点位置"为 36％的色标颜色为(C:58,M:51,Y:47,K:0),"节点位置"为 48％的色标颜色为白色,"节点位置"为 52％的色标颜色为白色,"节点位置"为 63％的色标颜色为(C:32,M:27,Y:25,K:0),"节点位置"为100％的色标颜色为(C:35,M:31,Y:28,K:0),设置轮廓宽度为无,如图 14-162 所示。

操作三十八：选择"矩形工具"绘制一个矩形,选择"形状工具"选中矩形后右击选择"转化为曲线"分别调整矩形的形状,在"编辑填充"对话框中选择"渐变填充",设置"类型"为"线性渐变填充","镜像、重复和反转"为默认渐变填充,再设置"节点位置"为 0 的色标颜色为(C:67,M:60,Y:53,K:4),"节点位置"为 14％的色标颜色为(C:38,M:31,Y:27,K:0),"节点位置"为 31％的色标颜色为(C:36,M:29,Y:24,K:0),"节点位置"为 49％的色标颜色为白色,"节点位置"为 56％的色标颜色为白色,"节点位置"为 100％的色标颜色为(C:36,M:29,Y:27,K:0),设置轮廓宽度为无。再选择"椭圆工具"绘制一个椭圆为把手的侧面,在"编辑填充"对话框中选择色标颜色为(C:60,M:51,Y:49,K:0)进行填充,设置轮廓宽度为无,如图 14-163 所示。

图 14-162　电瓶车案例操作三十七

图 14-163　电瓶车案例操作三十八

操作三十九：绘制转把,选择"矩形工具"绘制一个矩形,在"形状工具"中选中矩形后右击选择"转化为曲线"分别调整矩形的形状,在"编辑填充"对话框中选择"渐变填充",设置"类型"为"线性渐变填充","镜像、重复和反转"为默认渐变填充,再设置"节点位置"为 0 的色标颜色为(C:42,M:49,Y:61,K:0),"节点位置"为 49％的色标颜色为(C:22,M:32,Y:45,K:0),"节点位置"为 100％的色标颜色为(C:44,M:47,Y:61,K:0),设置轮廓宽度为无,如图 14-164 所示。

操作四十：绘制刹车把，选择"钢笔工具"绘制刹车把，选择"形状工具"，右击选择"转化为曲线"分别调整刹把的形状，在"编辑填充"对话框中选择"渐变填充"，设置"类型"为"线性渐变填充"，"镜像、重复和反转"为默认渐变填充，再设置"节点位置"为 0 的色标颜色为（C:50,M:41,Y:39,K:0），"节点位置"为 35% 的色标颜色为（C:48,M:39,Y:37,K:0），"节点位置"为 62% 的色标颜色为（C:7,M:7,Y:5,K:0），"节点位置"为 76% 的色标颜色为白色，"节点位置"为 100% 的色标颜色为（C:51,M:42,Y:40,K:0），设置轮廓宽度为无，如图 14-165 所示。

图 14-164　电瓶车案例操作三十九

图 14-165　电瓶车案例操作四十

操作四十一：选择"选择工具"，框选车把、刹把、转把三个部分，左击向右拖动，接着右击进行复制，再松开左键完成复制，选择"形状工具"调整它们的形状，如图 14-166 所示。

操作四十二：绘制后视镜支架，选择"钢笔工具"绘制支架，选择"形状工具"，右击选择"转化为曲线"调整形状，在"编辑填充"对话框中选择色标颜色为（C:54,M:47,Y:44,K:0）进行填充，设置轮廓宽度为无，单击"选择工具"，框选绘制好的支架，左击向右拖动，接着右击进行复制，再松开左键完成复制，最后选择"水平镜像"调整方向，如图 14-167 所示。

图 14-166　电瓶车案例操作四十一

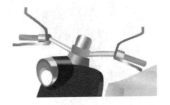
图 14-167　电瓶车案例操作四十二

操作四十三：绘制后视镜，选择"椭圆工具"，绘制一个椭圆，选择"形状工具"，单击椭圆，右击选择"转化为曲线"调整椭圆的形状，在"编辑填充"对话框中选择"渐变填充"，设置"类型"为"线性渐变填充"，"镜像、重复和反转"为默认渐变填充，再设置"节点位置"为 0 的色标颜色为（C:6,M:5,Y:4,K:0），"节点位置"为 13% 的色标颜色为（C:26,M:20,Y:20,K:0），"节点位置"为 53% 的色标颜色为（C:75,M:68,Y:65,K:25），"节点位置"为 100% 的色标颜色为（C:76,M:69,Y:66,K:28），设置轮廓宽度为无。以同样的方式再绘制一个椭圆，在"编辑填充"对话框中选择"渐变填充"，设置"类型"为"线性渐变填充"，"镜像、重复和反转"为默认渐变填充，再设置"节点位置"为 0 的色标颜色为（C:75,M:68,Y:65,K:25），"节点位置"为 44% 的色标颜色为（C:35,M:27,Y:26,K:0），"节点位置"为 100% 的色标颜色为（C:60,M:54,Y:50,K:0），设置轮廓宽度为无，如图 14-168 所示。

操作四十四：绘制前面板的反光和阴影，选择"钢笔工具"绘制反光和阴影，选择"形状工具"调整形状，在"编辑填充"对话框中分别选择色标颜色为(C:48,M:35,Y:0,K:0)和(C:100,M:100,Y:51,K:5)进行填充，设置轮廓宽度为无，如图14-169所示。

图14-168　电瓶车案例操作四十三

图14-169　电瓶车案例操作四十四

操作四十五：绘制前挡板的反光，选择"钢笔工具"绘制反光，选择"形状工具"调整形状，在"编辑填充"对话框中选择色标颜色为(C:48,M:35,Y:0,K:0)进行填充，如图14-170所示。

操作四十六：绘制车牌，选择"矩形工具"，绘制一个矩形，选择"形状工具"，单击矩形调整矩形四个角的形状，接着单击"选择工具"选中绘制好的矩形，单击选框一角按住Shift键进行等比例缩放，接着右击进行复制，再松开左键完成复制，在"编辑填充"对话框中分别选择色标颜色为(C:4,M:6,Y:24,K:0)和(C:0,M:17,Y:76,K:0)进行填充，设置轮廓宽度为无，再选择"文本工具"编辑文字，如图14-171所示。

图14-170　电瓶车案例操作四十五

图14-171　电瓶车案例操作四十六

操作四十七：绘制前车灯，选择"椭圆工具"，绘制一个椭圆，选择"形状工具"，单击椭圆右击选择"转化为曲线"调整椭圆的形状，在"编辑填充"对话框中选择"渐变填充"，设置"类型"为"线性渐变填充"，"镜像、重复和反转"为默认渐变填充，再设置"节点位置"为0的色标颜色为(C:58,M:47,Y:34,K:0)，"节点位置"为25%的色标颜色为(C:57,M:46,Y:33,K:0)，"节点位置"为36%的色标颜色为白色，"节点位置"为67%的色标颜色为白色，"节点位置"为71%的色标颜色为(C:66,M:61,Y:45,K:1)，"节点位置"为88%的色标颜色为(C:68,M:63,Y:47,K:3)，"节点位置"为100%的色标颜色为(C:57,M:46,Y:33,K:0)，设置轮廓宽度为无，以同样的方式再绘制两个椭圆，在"编辑填充"对话框中分别选择色标颜色为(C:36,M:67,Y:100,K:1)和(C:9,M:54,Y:96,K:0)进行填充，设置轮廓宽度为无，如图14-172所示。

操作四十八：绘制后车灯，选择"矩形工具"，绘制一个矩形，选择"形状工具"，单击矩形调整矩形的形状，在"编辑填充"对话框中选择"渐变填充"，设置"类型"为"线性渐变填充"，"镜像、重复和反转"为默认渐变填充，再设置"节点位置"为 0 的色标颜色为（C：65，M：56，Y：49，K：1），"节点位置"为 27% 的色标颜色为（C：65，M：56，Y：49，K：1），"节点位置"为 34% 的色标颜色为白色，"节点位置"为 48% 的色标颜色为白色，"节点位置"为 62% 的色标颜色为（C：50，M：40，Y：37，K：0），"节点位置"为 100% 的色标颜色为（C：50，M：40，Y：37，K：0），设置轮廓宽度为无。再选择"椭圆工具"，绘制一个椭圆，选择"形状工具"，单击椭圆后右击选择"转化为曲线"调整椭圆的形状，在"编辑填充"对话框中选择（C：9，M：54，Y：96，K：0）进行填充，设置轮廓宽度为无，如图 14-173 所示。

图 14-172　电瓶车案例操作四十七　　　　图 14-173　电瓶车案例操作四十八

操作四十九：绘制尾灯，选择"矩形工具"，绘制一个矩形，选择"形状工具"单击矩形调整矩形的形状，单击"选择工具"，选择绘制好的矩形，按住 Shift 键进行等比例缩放，接着右击进行复制，再松开左键完成复制，在"编辑填充"对话框中分别选择色标颜色为（C：29，M：100，Y：100，K：1）和（C：0，M：0，Y：0，K：100）进行填充，设置轮廓宽度为无，如图 14-174 所示。

操作五十：绘制后衣架，选择"钢笔工具"绘制后衣架，选择"形状工具"，右击选择"转化为曲线"调整形状，在"编辑填充"对话框中选择"渐变填充"，设置"类型"为"线性渐变填充"，"镜像、重复和反转"为默认渐变填充，再设置"节点位置"为 0 的色标颜色为（C：73，M：66，Y：62，K：19），"节点位置"为 48% 的色标颜色为（C：73，M：65，Y：62，K：17），"节点位置"为 100% 的色标颜色为（C：33，M：24，Y：21，K：0），设置轮廓宽度为无，如图 14-175 所示。

图 14-174　电瓶车案例操作四十九　　　　图 14-175　电瓶车案例操作五十

操作五十一：绘制阴影，选择"钢笔工具"绘制阴影，选择"形状工具"，右击选择"转化为曲线"调整形状，在"编辑填充"对话框中选择"渐变填充"，设置"类型"为"线性渐变填充"，"镜像、重复和反转"为默认渐变填充，再设置"节点位置"为 0 的色标颜色为（C：39，M：

31,Y:30,K:1),节点透明度为14%,"节点位置"为36%的色标颜色为(C:71,M:64,Y:61,K:15),节点透明度为6%,"节点位置"为60%的色标颜色为(C:42,M:43,Y:33,K:0),节点透明度为46%,"节点位置"为100%的色标颜色为(C:20,M:15,Y:15,K:0),节点透明度为28%,设置轮廓宽度为无,最后单击"选择工具",选择绘制好的阴影,左击拖动,接着右击进行复制,再松开左键完成复制,如图14-176所示。

操作五十二:最后选择"选择工具",框选整个图形,右击选择"组合对象"进行组合,绘制完成,完成效果图如图14-177所示。

图14-176　电瓶车案例操作五十一

图14-177　电瓶车案例完成效果图

图书资源支持

感谢您一直以来对清华版图书的支持和爱护。为了配合本书的使用，本书提供配套的资源，有需求的读者请扫描下方的"书圈"微信公众号二维码，在图书专区下载，也可以拨打电话或发送电子邮件咨询。

如果您在使用本书的过程中遇到了什么问题，或者有相关图书出版计划，也请您发邮件告诉我们，以便我们更好地为您服务。

我们的联系方式：

地　　址：北京市海淀区双清路学研大厦 A 座 701

邮　　编：100084

电　　话：010-83470236　010-83470237

资源下载：http://www.tup.com.cn

客服邮箱：2301891038@qq.com

QQ：2301891038（请写明您的单位和姓名）

资源下载、样书申请

书圈

扫一扫，获取最新目录

课程直播

用微信扫一扫右边的二维码，即可关注清华大学出版社公众号"书圈"。